Zweimüller Lars

NaturDetektive
Bundesamt für Naturschutz

Teich
Fluss + See

Feryal Kanbay

kids compact via

Bisher sind in dieser Reihe erschienen:

Vögel

ISBN 978-3-8174-7928-3

Insekten,
Spinnen + Co.

ISBN 978-3-8174-7929-0

Bäume + Sträucher

ISBN 978-3-8174-7930-6

Blumen, Gräser +
Kräuter

ISBN 978-3-8174-7931-3

Tiere im Wald +
auf der Wiese

ISBN 978-3-8174-8247-4

Steine, Minerale +
Fossilien

ISBN 978-3-8174-8248-1

Meer, Strand + Küste

ISBN 978-3-8174-8372-3

compact via ist ein Imprint der Compact Verlag GmbH

Text: Feryal Kanbay
Redaktion: Anna Häring
Produktion: Johannes Buchmann
Abbildungen: siehe Bildnachweis Seite 80
Illustrationen (Sonderseiten/Ausmalbilder): Doris Oppenauer
Titelabbildungen: www.fotolia.de: Romana Schaile (m.), Kurt Nägele (l.),
Pétrouche (o., h.)/Mauritius Images, Mittenwald (u.)
Gestaltung: ekh Werbeagentur GbR
Umschlaggestaltung: ekh Werbeagentur GbR

ISBN 978-3-8174-8373-0
2011 2012 2013 2014 2015 10 9 8 7 6 5 4 3 2 1

www.compact-via.de

Hallo an alle großen und kleinen Naturdetektive!

Werdet richtige Naturforscher und lernt, was und wie ihr erfolgreich die Tier- und Pflanzenwelt an unseren Teichen, Flüssen und Seen beobachten könnt. Oder wusstet ihr schon, dass Rotfedern kein Indianerschmuck sondern Fische in unseren heimischen Gewässern sind? Oder warum Wasserläufer über die Wasseroberfläche laufen können?

Mit diesem spannenden Naturführer lassen sich nicht nur Tiere und Pflanzen kinderleicht bestimmen, sondern er bietet euch auch jede Menge Spiel, Spaß und … super Aktionen mit und in der Natur!

Darüber hinaus will jede Naturerforschungsexpedition gut vorbereitet sein und da kommen die vielen spannenden Hintergrundinformationen ins Spiel. Aber vielleicht wisst ihr auch schon, wie ein Frosch überwintert? Diese und alle anderen Antworten auf die Fragen im Quiz könnt ihr nämlich hier erfahren.

Noch mehr Spiele, Naturerforschungstipps und Wettbewerbe, bei denen es auch tolle Preise zu gewinnen gibt, findet ihr im Internet unter www.naturdetektive.de, einem Projekt des Bundesamtes für Naturschutz.

Jeder kann mitmachen!
Also, schaut einfach mal vorbei!

Eure

Beate Jessel
Präsidentin des Bundesamtes
für Naturschutz

Inhalt

Extras

Einführung

Ohne Wasser gibt es kein Leben auf der Erde. Glücklicherweise ist es aber fast überall auf unserem Planeten vorhanden. Zuvor zu Wolken verdichtet fällt es als Regen oder Schnee auf die Erde und bildet Teiche und Seen oder es fließt in Form von Bächen und Flüssen.

Wasser ist lebenswichtig.

Diese Gewässer und ihre Ufer sind wertvolle Lebensräume, in denen nicht nur viele Tiere ausreichend Nahrung und Unterschlupf finden. Auch eine große Anzahl von Pflanzenarten besiedelt fließende und stehende Gewässer sowie deren Randbereiche. Im Laufe der Entwicklung haben sich viele Arten der Tier- und Pflanzenwelt an das Leben im und am Wasser angepasst und bewohnen nun Tümpel, Teiche, Seen, Bäche oder Flüsse.

Viele Tiere haben sich an das Leben im und am Wasser spezialisiert.

Manche Tiere und Pflanzen haben sich spezialisiert und leben ausschließlich im Wasser, zum Beispiel die Fische und die Seerosen. Einige von ihnen bevorzugen stehende Gewässer wie Teiche oder Seen, andere wiederum können nur in Bächen oder Flüssen, also in fließenden Gewässern, leben.

Es gibt aber auch Arten, die Uferbereiche von Gewässern besiedeln wie beispielsweise Frösche und Wasservögel sowie zahlreiche Uferpflanzen, zum Beispiel die Sumpfschwertlilie.

Willst du ein echter Naturdetektiv werden?

Dann informiere dich auch im Internet unter www.naturdetektive.de. Dort findest du Hinweise zum Projekt „Naturdetektive" des Bundesamtes für Naturschutz und viele spannende Auskünfte über unsere heimische Tier- und Pflanzenwelt. Mach mit und erkunde die Natur!

NaturDetektive
Bundesamt für Naturschutz

Kleine Bäche sind ein idealer Ausgangspunkt für deine Erkundungstouren.

Fließende Gewässer

Bäche und Flüsse sind Gewässer, die ständig in Bewegung sind und daher als Fließgewässer bezeichnet werden. Alle Wasserläufe entspringen einer Quelle, wobei viele ihren Anfang im Gebirge nehmen.

Im Frühling beginnt der Schnee, der im Winter gefallen ist, zu schmelzen. Das Schmelzwasser fließt die Schluchten hinab und wächst zu Bächen an, die als Wasserfälle in die Täler fließen. Das schnell strömende, kalte Wasser eines Gebirgs- und Waldbaches ist für die Entwicklung von Wasserpflanzen nicht sehr günstig. Nur wenigen Moosen und vor allem Algen gelingt es, sich auf den Kieselsteinen anzusiedeln.

Dafür fühlen sich zahlreiche Tiere sehr wohl in den kühlen und sauerstoffreichen Gewässern. Die Larven der Köcher- und Eintagsfliegen, kleine Muscheln und Schnecken sowie Krebse und einige Fische wie die Bachforelle haben sich an das Leben in schnell fließenden Gewässern angepasst. Auch bieten die Bäche reichlich Nahrung für Vögel wie die Gebirgsstelze, die gern am Wasser leben.

Nach dem Verlassen der gefällereichen Gebiete fließen Wasserläufe etwas ruhiger. Diese kleinen Flüsse schlängeln sich durch Wiesen und Felder. Im Uferbereich wachsen viele Pflanzen, darunter Schwertlilien, verschiedene Gräser und etwas weiter entfernt Arten wie Mädesüß und Blutweiderich. Sie bieten vielen Vögeln Schutz, damit diese un-

Jeder Bach und jeder Fluss entspringen einer Quelle.

gestört ihre Nester bauen und sich vor ihren Feinden verstecken können.

Auenwälder am Flussufer

Entlang des Ufers stehen oft zahlreiche Bäume wie Weiden oder Erlen. Die Biber, die sich in diesen Gewässern sehr wohlfühlen, bauen heute in einigen Regionen wieder ihre berühmten Dämme aus Baumstämmen und Ästen. Auch der Fischotter ist hier anzutreffen, da der Fluss ihm reichlich Nahrung bietet: Fische, Krebse, Muscheln und Säugetiere.

Im ruhig fließenden Wasser gedeihen viele unter der Oberfläche lebende Wasserpflanzen (zum Beispiel Laichkraut), zwischen denen die Fische Platz zum Laichen finden und räuberische Arten wie der Hecht sich auf die Lauer legen können. In der Luft schwirren unzählige glitzernde Libellen umher, wenn sie auf Insektenjagd oder auf Partnersuche gehen.

Selbst an sehr kalte Gebirgsbäche mit starker Strömung haben sich Tiere und Pflanzen angepasst.

Stehende Gewässer

Seen sind stehende Gewässer, die sich entweder natürlich bilden oder künstlich entstehen, wenn der Mensch zum Beispiel Staudämme errichtet, um Flüsse zu regulieren oder um Wasserkraftwerke zu speisen.

In und an Seen leben viele Wasservögel, zum Beispiel Enten.

An einem See leben viele verschiedene Wasservögel, zum Beispiel Enten, Schwäne, Graureiher oder Haubentaucher. Sie schwimmen auf der ruhigen Wasseroberfläche und tauchen oder gründeln nach Nahrung.

Auch unter Wasser ist viel los. Neben Fischen wie Karpfen, Rotfeder oder Plötze ist der Grund von Weichtieren wie Posthornschnecken und Teichmuscheln besiedelt. Am Ufer wachsen oft dichte Bestände von Rohrkolben.

Zu den stehenden Gewässern zählen auch die Teiche und Tümpel. Letztere sind meist kleine Wasserflächen, die natürlich entstehen können, wenn das Wasser in einem undurchlässigen Boden nicht versickern kann. Dagegen handelt es sich bei den Teichen um künstlich angelegte Gewässer – in der Natur oder auch im Garten.

Habt ihr einen Teich im Garten? Auch hier gibt es jede Menge zu entdecken!

Nur wenn du schwimmen kannst, darfst du dich für deine Beobachtungen direkt in einen Badesee begeben.

Teich und Tümpel, die kleiner und seichter sind als Seen, weisen zumeist ein reiches Tier- und Pflanzenleben auf. Viele Vogelarten bauen ihre Nester im dichten Röhricht und Gebüsch, um sich vor Räubern zu schützen. Hier trifft man Arten wie Blesshuhn, Teichhuhn, Schilfrohrsänger und Rohrweihe an.

Im Wasser wachsende Pflanzen wie Tausendblatt, Wasserpest und Schwimmendes Laichkraut sowie die vielen Wasserkäfer, Wasserwanzen, deren Larven und Schlammschnecken bieten den Vögeln und Fischen reichlich Nahrung. Auf dem Wasser treiben die großen Blätter von Seerosen, auf denen sich Frösche sonnen.

In der Nähe von Flüssen und Seen entstehen oft Sumpfgebiete. Der Boden ist aufgeweicht, von Tümpeln überzogen oder mit Pflanzen bedeckt, die im seichten Wasser wachsen. Diese Gewächse, die ans Wasser gebunden sind, nennt man Sumpfpflanzen. Dazu zählen Arten wie die Flatterbinse, der Kalmus oder die Sumpfdotterblume. Die meisten von ihnen besitzen wurzelähnliche, kriechende unterirdische Sprosse, mit deren Hilfe sie sich schnell ausbreiten können.

In den Tümpeln wimmelt es von Frosch- und Krötenlarven. Der Wasserfrosch und die Gelbbauchunke fühlen sich hier ebenfalls sehr wohl. Und auch die Ringelnatter und die Sumpfschildkröte kann man in sumpfigen Gegenden antreffen.

Im dichten Röhricht nisten viele Vögel, so zum Beispiel auch der Schilfrohrsänger.

Beobachte das Leben an Teich, Fluss und See

Möchtest du gern Tiere und Pflanzen am und im Wasser beobachten? Bevor du dich auf den Weg machst, überlege dir genau, welche Tiere du am liebsten sehen möchtest. Denn an den verschiedenen Gewässern findest du oft sehr unterschiedliche Tier- und Pflanzenarten. Danach kann es auch schon losgehen. Nimm ein Fernglas, einen Fotoapparat, Papier und Stifte mit. Für kleine Wassertierchen ist ein Fangnetz ganz nützlich.

Denke immer daran, dass die meisten Tiere sehr scheu sind und sich verstecken, sobald ein Mensch naht. Bewege dich also immer leise und langsam. An Gewässerufern bauen viele Vögel ihre Nester. Marschiere daher nicht einfach auf einen See oder Bach zu, sondern achte darauf, wohin du trittst. Hier wachsen oft auch seltene oder gefährdete Pflanzen.

Achte immer darauf, dass du keine Pflanzen beschädigst oder Tiere – etwa Vögel beim Brüten – störst.

Mit der richtigen Ausstattung macht die Erkundung von Teich, See und Fluss gleich noch mehr Spaß.

Du darfst keines der gefangenen Tiere mit nach Hause nehmen. Wenn du ein Lebewesen aus dem Wasser holst, lasse es nach dem Beobachten vorsichtig wieder frei. Auch die Pflanzen darfst du nicht pflücken. Viele der Tier- und Pflanzenarten stehen unter Naturschutz. Beobachte sie durch das Fernglas und mache schöne Fotos oder Zeichnungen von ihnen.

Vorsicht!

Achte an allen Gewässern immer darauf, dass du nicht versehentlich hineinfällst! Selbst wenn du schon schwimmen kannst, bergen manche Stellen für Kinder große Gefahren. Geh daher am besten nicht allein auf Erkundungstour, sondern nimm deine Eltern oder zumindest Freunde mit.

Tiere im Wasser

Bachforelle

Körperlänge: 20 bis 60 cm
Gewicht: bis 2,5 kg

Merkmale

Die Bachforelle hat einen lang gestreckten, seitlich abgeflachten Körper. Sie ist leicht an den hell umrandeten schwarzen und roten Flecken an den Seiten zu erkennen. Der Bauch ist gelblich weiß. Wie alle Lachsfische besitzt auch die Bachforelle eine Fettflosse. Das ist eine kleine weiche Flosse zwischen der Rücken- und Schwanzflosse.

Gut getarnt

Die Bachforelle ist, wie andere Fischarten auch, durch ihre Färbung gut an die Umgebung angepasst. Dadurch hebt sie sich kaum vom jeweiligen Untergrund ab und fällt Feinden wie Beute nicht so leicht auf.

Lebensraum

Wie der Name schon sagt, lebt die Bachforelle in Gewässern, die schnell fließen und einen steinigen Grund haben, dazu zählen auch saubere Bäche mit kühlem Wasser. Diese sind nämlich besonders reich an Sauerstoff und den benötigt der Fisch unbedingt. Die Bachforelle ist sehr gefräßig und ernährt sich von Insekten, Larven, Krebsen und kleinen Fischen.

Bachforellen haben rote und schwarze Flecken, die hell umrandet sind.

Während der Laichzeit legen die Weibchen ihre Eier in kleinen Gruben ab. Diese heben sie im Kiesgrund aus. Die Männchen schwimmen über das Gelege, besamen die Eier und bedecken sie mit Kies. So sind sie vor Räubern geschützt.

Flussbarsch

Merkmale

Wie alle Barschartigen hat der Flussbarsch zwei Rückenflossen. Die vordere ist größer als die hintere und trägt spitze Stachelstrahlen wie seine Afterflosse auch. Erkennen lässt sich der Flussbarsch an den rötlich gefärbten Bauch-, After- und Schwanzflossen. Außerdem ist auf den Flanken ein dunkles Streifenmuster vorhanden.

Körperlänge: 25 bis 35 cm
Gewicht: bis 2 kg

Bauch-, After- und Schwanzflosse sind rötlich gefärbt.

Lebensraum

Der Flussbarsch lebt gern in großen Seen und Weihern sowie in langsam fließenden Flüssen. Er bevorzugt Uferbereiche mit vielen Wasserpflanzen, zwischen denen er sich verstecken kann. Der Barsch frisst am liebsten kleine Fische wie Ukeleien, aber auch andere Wassertiere sowie Fischlaich.

Im Frühjahr legen die Weibchen ihre Eier in bis zu einem Meter langen netzartigen Laichbändern an Wasserpflanzen oder Steinen im flachen Wasser ab. Die Larven steigen nach dem Schlüpfen sofort an die Wasseroberfläche. Dort schnappen sie nach Luft, um ihre Schwimmblase zu füllen.

Flussbarsche leben dort, wo es Wasserpflanzen gibt.

Schon gewusst?

Der Flussbarsch wird in manchen Gegenden Süddeutschlands teilweise „Kretzer“ genannt. In Österreich und in der Schweiz findet sich auch der Name „Egli“.

Hecht

Merkmale

Der Hecht hat einen lang gestreckten Körper und einen ziemlich langen Kopf. Sein Maul erinnert ein wenig an den Schnabel einer Ente. Die Kiefer sind mit scharfen Zähnen besetzt, aus denen es für eine einmal ergriffene Beute kaum ein Entkommen gibt. Der Rücken ist meist grünlich blau, zum Bauch hin wird er heller. Die Rücken- und Afterflosse stehen weit hinten am Körper. Dadurch kann der Hecht blitzartig aus seinem Versteck hervorschießen.

Körperlänge: 50 cm bis 1,2 m
Gewicht: bis 17 kg

Ganz schön spitze Zähne!

Lebensraum

Der räuberisch lebende Hecht hält sich gern in fließenden und in größeren stehenden Gewässern auf. Zwischen Wasserpflanzen lauert er dort Fischen, aber auch Fröschen, jungen Wasservögeln und kleinen Säugetieren auf. Sobald sich ein Beutetier nähert, stürzt er sich pfeilschnell auf das Opfer. Der Hecht kann sogar Tiere fangen, die fast so groß sind wie er selbst!

Im Frühjahr laicht das Weibchen in flachen, pflanzenreichen Gewässerabschnitten oder nutzt überschwemmte Wiesen. Die winzigen Larven, die aus den Eiern schlüpfen, leben zunächst von Zooplankton. Wenn sie etwas größer sind, ernähren sie sich von Fischbrut.

Ein Hecht sucht nach Beute.

Schon gewusst?

Der Hecht ist ein leckerer Speisefisch, hat aber sehr viele Gräten. Da sein Fleisch sehr fettarm und daher etwas trocken ist, wird es oft zu köstlichen Hechtklößchen verarbeitet.

Karpfen

Körperlänge: 35 cm bis 1 m
Gewicht: bis 30 kg

Hungrige Zeitgenossen

Merkmale

Der Körper des Karpfens wird mit zunehmendem Alter hochrückiger und ist seitlich etwas abgeflacht. Am Maul trägt er vier Bartfäden (Barteln), mit denen er tasten und schmecken kann. Der Rücken ist braun bis schwärzlich grün, der Bauch weißlich gefärbt.

Lebensraum

Der Karpfen lebt in warmen, stehenden oder langsam fließenden Gewässern mit vielen Pflanzen und sandigem oder schlammigem Grund. Er sucht am Boden nach Würmern, Schnecken und Krebstieren, die er mithilfe seiner Barteln aufstöbert.

Der Karpfen ist in der Dämmerung und nachts aktiv. Am Tag nutzt er geschützte Stellen. Den Winter übersteht er zusammen mit seinen Artgenossen dicht aneinandergedrängt auf dem Grund eines Gewässers.

Das Weibchen legt Eier, die im Wasser aufquellen und an Pflanzenteilen festkleben. Nach einigen Tagen steigen sie jedoch an die Oberfläche. Junge Karpfen fressen zunächst Plankton, suchen dann aber schon bald wie ihre Eltern am Gewässergrund nach Nahrung.

Zuchtfische

Aus dem Wildkarpfen haben die Menschen verschiedene Formen gezüchtet. Es gibt zum Beispiel Schuppenkarpfen, Spiegelkarpfen, Nackt- oder Lederkarpfen und die bunt gefärbten japanischen Kois.

Am Maul des Karpfens hängen vier Bartfäden.

Rotfeder

Körperlänge: bis 40 cm
Gewicht: bis 400 g

Merkmale
Die Rotfeder ist seitlich abgeflacht und hat einen hohen Rücken. Kopf und Rücken sind graugrün gefärbt. Die Seiten bis zum Bauch glänzen silbrig. Alle Flossen sind am Ansatz bräunlich, sonst kräftig rot gefärbt.

Lebensraum
Die Rotfeder bevorzugt langsam fließende und stehende Gewässer mit schlammigem Grund. Sie hält sich gern in flachen Bereichen zwischen Wasserpflanzen auf, die auch ihre Hauptnahrung bilden. Gelegentlich frisst der Fisch aber auch kleine Wassertiere.

Die Laichzeit ist von April bis Mai. In großen Schwärmen suchen die Fische dann dicht bewachsene Ufer auf. Dort legen die Weibchen ihre klebrigen Eier (bis zu 200.000 Stück) an Wasserpflanzen ab.

Nach einigen Tagen schlüpfen die Jungen, die erst nach drei bis vier Jahren ausgewachsen sind. Rotfedern sind sehr schreckhafte Tiere und schwimmen deshalb schnell davon, wenn sie sich gestört fühlen.

Schon gewusst?
Rotfedern sind im Sommer frühmorgens und in der Abenddämmerung besonders munter. Im Winter halten sie sich in tieferen Gewässerregionen auf.

Alle Flossen der Rotfeder sind rot, Kopf und Rücken graugrün gefärbt.

Dreistachliger Stichling

Körperlänge: 5 bis 8 cm
Gewicht: etwa 3 g

Merkmale

Der Körper des Dreistachligen Stichlings ist lang gestreckt, seitlich etwas abgeflacht und mit einer Reihe von Knochenplatten besetzt. Vor der Rückenflosse befinden sich drei bewegliche Stacheln. Das Männchen trägt während der Paarungszeit ein prächtiges Hochzeitskleid: Die Brust ist orange- bis kirschrot, der Rücken blaugrün. Sonst ist der silbrige Fisch schwarzbraun marmoriert.

Lebensraum

Der Dreistachlige Stichling lebt in stehenden und fließenden Gewässern. Er ernährt sich von Insektenlarven, Würmern und Fischbrut. Zur Paarungszeit schlägt das Männchen mit dem Schwanz eine Grube aus und baut aus Pflanzenteilen und einer klebrigen Absonderung seiner Niere ein Nest mit zwei Öffnungen.

Minifisch

Der verwandte Neunstachlige Stichling oder Zwergstichling gehört mit vier bis sechs Zentimetern Körperlänge zu unseren kleinsten heimischen Süßwasserfischen.

Dann führt es einen für die Fischdamen beeindruckenden Zickzacktanz auf und treibt ein oder mehrere Weibchen durch das Nest. Dort legen diese ihre Eier ab. Das Männchen kümmert sich um die Brut: Es fächelt den Eiern Frischwasser zu und vertreibt Eindringlinge aus dem Revier.

Um die Weibchen zu beeindrucken, führt das Männchen einen Zickzacktanz auf.

Wels

Merkmale

Der Flusswels hat einen lang gestreckten Körper und einen breiten, flachen Kopf. An seinem weiten Maul hängen zwei lange Barteln am Oberkiefer und vier kürzere Barteln am Unterkiefer. Die lange Afterflosse reicht bis zur Schwanzflosse. Die Haut ist schuppenlos. Der Rücken ist schwarz bis grünlich, der Bauch heller gefärbt, die Seiten sind marmoriert.

Körperlänge: etwa 2,5 m
Gewicht: bis über 150 kg

Lebensraum

Der träge Bodenfisch wird nachts munter. Tagsüber versteckt er sich unter im Wasser liegenden Baumstämmen und Ästen oder überhängenden Uferbereichen. Der Wels ernährt sich von Fischen, Krebstieren, Fröschen sowie gelegentlich von kleinen Wasservögeln und Säugetieren.

Das Männchen legt eine flache Grube am Laichplatz an und füllt diese mit Pflanzenmaterial („Laichnester"). Ein oder mehrere Weibchen legen darin ihre Eier ab. Die Brut wird vom Männchen bewacht und mit Frischwasser befächelt.

Schon gewusst?

Da der Wels nachts jagt, kann er sich nicht auf seine Augen verlassen. Dafür kann er besonders gut riechen und tasten und er hat ein sehr empfindliches Gehör. Er nimmt, wie andere Fischarten auch, sogar Bewegungen oberhalb der Wasseroberfläche über Druckwellen wahr.

Siehst du die langen Barteln am Oberkiefer?

Klingel-Experiment

Hast du gewusst, dass Fische hören können? Mit folgendem Experiment kannst du das leicht herausfinden und mit etwas Glück die Tiere sogar „dressieren“.

Und so gehts:

Dass Fische auf Geräusche reagieren, kannst du beobachten und testen, falls du oder einer deiner Freunde ein Aquarium hat. Für dieses einfache Experiment benötigst du allerdings etwas Geduld.

Lass jedes Mal die Klingel oder die Eieruhr läuten, bevor du die Fische fütterst. Nach einigen Tagen lernen die Fische, dass dieses Geräusch Futter ankündigt. Und schon schwimmen sie an die Oberfläche, denn sie wissen, dass es etwas Leckeres gibt, wenn sie das Läuten hören.

Du darfst es aber nicht übertreiben. Denk daran, dass Wasser die Schallwellen wesentlich besser überträgt als Luft. Zu viele und zu laute Geräusche stressen die Fische und machen ihnen Angst. Daher darf man auch niemals gegen das Aquarienglas klopfen!

Trainiere deine Aquarienfische und lerne viel über das Verhalten der Tiere.

Teichmuschel

Schalengröße: bis 15 cm
Schalenform: oval

Merkmale
Die Teichmuschel hat eine große, sehr dünne Schale, die gelb bis braun gefärbt ist. Diese besitzt ein Schloss ohne Zähne. Das Tier selbst ist weiß und hat einen breiten, fleischigen Fuß. Damit kann es sich am Gewässergrund verankern und auch fortbewegen.

Lebensraum
Die Teichmuschel lebt in ruhigen Gewässern mit sandigem oder schlammigem Grund. Dort filtert sie ständig winzige tierische und pflanzliche Lebewesen aus dem Wasser, von denen sie sich ernährt.

Die Weibchen legen unzählige Eier, die im Kiemenraum befruchtet werden und sich dort entwickeln. Die geschlüpften Larven überwintern ebenfalls im Kiemenraum und werden dann im nächsten Frühjahr freigesetzt. Während ihrer weiteren Entwicklung sind die Larven auf geeignete Wirtsfische angewiesen.

Schwimmt einer ihrer Wirtsfische vorbei, saugen sie sich an seinen Kiemen fest. Dort ernähren sie sich vom Gewebe des Fisches. Wenn sie groß genug sind, lassen sie sich zu Boden fallen, wo sie selbstständig weiterleben.

Kinderstube

Der Bitterling, ein Süßwasserfisch, legt seine Eier in die Schalen von Großmuscheln. Die Larven entwickeln sich anschließend gut geschützt im Innern der Muschel. Sie verlassen ihr Zuhause, sobald sie schwimmen können.

Eine Teichmuschel in sandigem Gewässer

Flussperlmuschel

Merkmale

Die Flussperlmuschel hat eine gelbgrüne bis schwärzlich braungrüne, bauchige Schale. Diese ist dicker als die Schale der Teichmuschel. Das darin lebende Tier hat einen zungenförmigen kräftigen Fuß, mit dessen Hilfe es sich fortbewegen und eingraben kann. An dem Schloss der Schale sind feine Zähne ausgebildet.

Lebensraum

Die Flussperlmuschel findet man nur noch in sauberen Flüssen und Bächen, aber nie in stehenden Gewässern. Sie ernährt sich von winzigen pflanzlichen und tierischen Schwebstoffen (Plankton). Diese gelangen mit dem Wasserstrom ins Schaleninnere. Die Muschel filtert diese Stoffe mithilfe ihrer Kiemen aus dem Wasser.

Die Flussperlmuschel pflanzt sich ähnlich fort wie die Teichmuschel. Ihre Larven entwickeln sich ebenfalls an bestimmten Wirtsfischen und lassen sich zu Boden fallen, wenn sie eine gewisse Größe erreicht haben.

Schon gewusst?

Der Fischotter ernährt sich nicht nur von Fischen, sondern verzehrt auch gern Flussperlmuscheln. Er knackt sie geschickt mit seinen Eckzähnen oder schlägt sie mit einem Stein auf.

Die Flussmuschel hat einen kräftigen Fuß, mit dem sie sich fortbewegen kann.

Posthornschnecke

Merkmale

Die Posthornschnecke trägt ein flaches Gehäuse mit vier bis fünf Windungen; es ist meist einfarbig dunkelrotbraun. Der Körper ist dunkelbraun, rotbraun oder graubraun. Die Posthornschnecke ist eine Wasserlungenschnecke.

Gehäusedurchmesser: bis 4 cm
Schneckenhaus: posthornartig gewunden

Ab ins Aquarium

Die Posthornschnecke ist ein beliebtes Tier für Aquarien. Sie sieht nicht nur hübsch aus, sondern säubert auch das Aquarium von Futterresten, weil sie sich unter anderem von Abfallstoffen ernährt. Sie ist sehr anspruchslos und daher einfach zu halten, auch zusammen mit Fischen.

Lebensraum

Die wohlgebildete Süßwasserbewohnerin kommt hauptsächlich in stehenden Gewässern wie Seen und Teichen vor. Sie ist am Tag aktiv und ein Allesfresser. Das bedeutet, dass sie sich vorwiegend von Algen, abgestorbenen Pflanzenteilen und toten Wassertieren ernährt.

Die Posthornschnecke überwintert, indem sie sich in den schlammigen Gewässergrund eingräbt. Sie ist ein Zwitter, das heißt, sie besitzt männliche und weibliche Geschlechtsorgane. Die Eier werden als schleimige Klumpen an Steinen, Wurzeln und den Blattunterseiten von Wasserpflanzen abgelegt.

Das Gehäuse der Posthornschnecke hat die Form eines Posthorns.

Spitzschlammschnecke

Merkmale

Die Spitzschlammschnecke ist die größte heimische Schlammschnecke. Sie hat ein rechtsgewundenes Gehäuse mit langer Spitze – daher der Name! Es ist ziemlich dünnschalig und beige bis dunkelbraun. Der Schneckenkörper ist grau bis braun gefärbt. Die Schnecke besitzt dreieckige Fühler, an deren Ansätzen sich die Augen befinden.

Lebensraum

Die Spitzschlammschnecke lebt am liebsten in Seen und Teichen mit vielen Pflanzen. Auf ihrer Speisekarte stehen weiche Wasserpflanzen, Algen, Schweb- und Abfallstoffe, Kleinlebewesen und sogar tote Tiere. Sie kriecht mit ihrem Fuß auf einer Schleimspur, kann sich aber auch nach oben und unten frei auf- und abbewegen. Dazu rollt sie ihren Körper ganz einfach zu einer Art Röhre zusammen.

Wie die meisten Schnecken ist auch die Spitzschlammschnecke ein Zwitter. Sie legt ihre Eier nach der Befruchtung an Wasserpflanzen in einer durchsichtigen Laichschnur ab. Aus den Eiern schlüpfen vollständig entwickelte Jungschnecken.

Schon gewusst?

Spitzschlammschnecken sind sehr pflegeleicht und können zu Hause in Kaltwasserbecken gehalten werden. Als Futter eignen sich Gemüse, Salat, Wasserpflanzen und sogar Fischfutter.

Spitzschlammschnecken haben ein beigefarbenes bis dunkelbraunes spitzes Gehäuse.

Gelbrandkäfer

Größe: 3 bis 3,5 cm
Beobachtungszeitraum: Frühjahr bis Herbst

Kleiner Räuber

Der Gelbrandkäfer ist ein räuberischer Käfer und frisst Eintagsfliegen, Wasserasseln, Kaulquappen und sogar kleine Fische.

Merkmale

Die Deckflügel und der Halsschild des Gelbrandkäfers sind beim Männchen schwarzgrün, beim Weibchen grünlich braun. Sie sind bei beiden Geschlechtern gelb umrandet – daher der Name! Der Gelbrandkäfer hat zwei dünne Hautflügel, die zusammengefaltet unter den festen Deckflügeln liegen. Er kann sehr gut fliegen.

Auf Tauchgang

Lebensraum

Der Gelbrandkäfer lebt in stehenden Gewässern wie Tümpeln, Teichen und Seen. Beim Schwimmen bewegt er seine paddelartigen Hinterbeine gleichzeitig wie zwei Ruder. Er kann auch tauchen und einige Zeit unter Wasser bleiben. Dabei nutzt er die Luft, die sich unter den Deckflügeln sammelt, zum Atmen.

Denn normalerweise atmet der Gelbrandkäfer – wie alle anderen Insekten auch – mit besonderen Atmungsorganen, den Tracheen. Zum Luftholen muss er regelmäßig an die Wasseroberfläche kommen. Dabei streckt er nur die Spitze seines Hinterleibs heraus. Mit den Deckflügeln pumpt der Käfer die verbrauchte Luft heraus und nimmt frische Luft auf.

Die Larve des Gelbrandkäfers

Gewöhnlicher Taumelkäfer

Größe: 3,5 bis 8 mm
Beobachtungszeitraum: Frühjahr bis Herbst

Merkmale

Der Taumelkäfer ist ein glänzend schwarzer Wasserkäfer. Seine beiden hinteren Beinpaare sind zu breiten Rudern umgeformt. Er schlägt sie wie die Schaufeln eines Raddampfers und macht kreisende Bewegungen auf der Wasseroberfläche – daher auch der Name!

Lebensraum

Der Taumelkäfer lebt auf der Oberfläche stehender und langsam fließender Gewässer. Er kann blitzschnell in die Tiefe tauchen. Unter Wasser muss er sich allerdings mit seinen Vorderbeinen an Pflanzen festklammern, um nicht wieder an die Oberfläche getrieben zu werden. Wegen der Luft, die er unter seinen Flügeln sammelt, hat er nämlich sehr viel Auftrieb.

Der Taumelkäfer kann darüber hinaus auch gut und weit fliegen. Er ernährt sich von lebenden und toten Insekten, die er auf der Wasseroberfläche findet.

Schon gewusst?

Mit seinen Facettenaugen kann der Taumelkäfer sowohl über als auch unter dem Wasser sehen. Seine Augen sind genau so geteilt, dass sich, wenn er auf der Wasseroberfläche schwimmt, die untere Augenhälfte im Wasser und die obere Augenhälfte in der Luft befinden.

Der Taumelkäfer lebt auf der Wasseroberfläche.

Wasserläufer

Merkmale

Der Wasserläufer gehört zu den Wanzen und kann gewandt auf der Wasseroberfläche dahingleiten. Er hat einen sehr schlanken und lang gestreckten Körper und lange, dünne Beine. Er ist vollständig mit feinen, Wasser abweisenden Härchen bedeckt.

Größe: 8 mm bis 1 cm
Beobachtungszeitraum: Frühjahr bis Herbst

Nachwuchs

Das Weibchen legt seine Eier dicht unter der Wasseroberfläche an Pflanzen ab. Die Junglarven sinken zunächst zum Grund hinab, rudern aber nach einiger Zeit zur Oberfläche zurück und leben dann dort.

Lebensraum

Der Wasserläufer lebt auf Teichen und Tümpeln und ernährt sich von verschiedenen Insekten, die ins Wasser fallen. Die Härchen an den Fußenden ermöglichen es der Wasserwanze, sich schnell auf der Wasseroberfläche zu bewegen, ohne zu versinken:

Die Fußenden bilden auf der Wasserhaut rundliche Dellen. Weil die Härchen jedoch Wasser abweisen und sich zwischen ihnen Luft fängt, durchstoßen sie die Wasserhaut nicht. Der Wasserläufer verteilt sein Gewicht auf die extrem langen Mittel- und Hinterbeine und gleitet wie ein Schlittschuhläufer über die Wasseroberfläche.

Der Wasserläufer kann auf dem Wasser gehen.

Eine kleine Rast auf einem Seerosenblatt

Bachflohkrebs

Merkmale

Der Bachflohkrebs hat einen grauen bis gelbbraunen Körper, der seitlich abgeflacht ist. Von seinen sieben Beinpaaren am Vorderkörper sind die beiden vorderen zu Greifwerkzeugen ausgebildet. Die hinteren fünf Paare dienen zum Laufen. Am hinteren Körperabschnitt trägt er außerdem noch sechs weitere Beinpaare, die er zum Schwimmen und Kriechen einsetzt.

Größe: Männchen bis 2 cm, Weibchen etwa 1,5 cm
Beobachtungszeitraum: Frühjahr bis Herbst

Wie ein Floh

Der Bachflohkrebs ähnelt bei seiner Fortbewegung einem springenden Floh. So erhielt er auch seinen Namen.

Lebensraum

Der Bachflohkrebs lebt in klaren Fließgewässern, die einen steinigen oder sandigen Grund haben. Mithilfe seiner beiden Antennenpaare sucht er dort nach faulenden Pflanzenteilen und Ähnlichem, von denen er sich am liebsten ernährt.

Der Bachflohkrebs muss sich mehrmals häuten, bevor er ausgewachsen ist. Bei der Paarung gibt das Männchen seinen Samen in den Brutbeutel ab, der sich zwischen den Vorderbeinen des Weibchens befindet. Dort entwickeln sich die Eier zu fertigen Krebschen.

Der Bachflohkrebs hat viele Beine, die er unterschiedlich einsetzt.

Edelkrebs

Größe: bis 20 cm
Beobachtungszeitraum: Frühjahr bis Herbst

Merkmale

Der Körper des Edelkrebses ist in Kopf, Brust und Hinterleib gegliedert und durch einen harten Panzer geschützt. Er trägt fünf Paar Laufbeine, von denen das erste Paar zu großen Scheren umgebildet ist. Am zweiten und dritten Beinpaar befinden sich kleinere Scheren. Der Edelkrebs atmet mit Kiemen, die an den Laufbeinen sitzen.

Der harte Panzer des Edelkrebses bietet dem Tier guten Schutz.

Lebensraum

Der Edelkrebs lebt hauptsächlich in sauberen, sauerstoffreichen Flüssen und langsam fließenden Bächen. Er kommt aber auch in Teichen und Seen mit klarem Wasser vor. Das Tier wird in der Dämmerung und nachts munter und geht auf die Jagd nach Wasserinsekten, Muscheln, Würmern und Fischen. Mit den großen Scheren packt es seine Beute, mit den kleinen Scheren zerteilt es die Nahrung und führt sie zum Mund.

Das Weibchen legt 50 bis 400 Eier ab, die es aber ein halbes Jahr lang mit sich herumträgt. Wenn die Kleinen schlüpfen, sehen sie bereits wie kleine Krebse aus. Allerdings fehlt ihnen noch der typische Schwanzfächer.

Mit seinen großen Scheren schnappt sich der Edelkrebs seine Beute oder setzt sich zur Wehr.

Raus aus der alten Haut

Da sein harter Panzer nicht mitwächst, muss sich der Edelkrebs regelmäßig häuten: im ersten Jahr bis zu siebenmal, erwachsene Tiere jedoch nur ein- bis zweimal pro Jahr.

Blutegel

Größe: 10 bis 15 cm
Beobachtungszeitraum: Frühjahr bis Herbst

Merkmale

Der Körper des Blutegels ist bräunlich bis dunkelgrün gefärbt und hat sechs bräunlich orangefarbene Längsstreifen. An seinen beiden Körperenden trägt er jeweils einen Saugnapf, den er zur Fortbewegung und zum Festhalten benutzt. Im vorderen Saugnapf befindet sich der Mund mit etwa 80 Kalkzähnchen.

Lebensraum

Der Blutegel kann sehr gut schwimmen und hält sich meist in Seen, Teichen oder Tümpeln auf. Er kommt aber auch an Land gut voran, wenn er zum Beispiel auf Nahrungssuche geht oder am feuchten Ufer seine Eier ablegen will. Mit seinen Saugnäpfen hält er sich abwechselnd am Untergrund fest und bewegt seinen Körper so Stück für Stück vorwärts.

Der kleine Helfer

Der Medizinische Blutegel wird seit Jahrhunderten zur Behandlung bestimmter Krankheiten verwendet. So hilft er zum Beispiel bei Blutgerinseln und Blutergüssen.

Er ernährt sich vom Blut verschiedener Säugetiere und auch von dem des Menschen. Daher bezeichnet man ihn auch als Parasiten. Zur Nahrungsaufnahme saugt er sich an seinem Wirt fest und beißt einen kleinen Riss in die Haut. Blutegel sind Zwitter. Jedes Tier hat also gleichzeitig männliche und weibliche Geschlechtsorgane. Trotzdem braucht es zur Fortpflanzung einen Partner.

Blutegel ernähren sich vom Blut von Säugetieren und des Menschen.

Wasserspinne

Merkmale

Der Körper der Wasserspinne hat eine braune Grundfarbe, wobei der Hinterleib heller ist. Wie alle Spinnen besitzt sie acht Beine.

Die Wasserspinne ist die einzige Spinne, die unter Wasser leben kann.

Lebensraum

Die Wasserspinne ist die einzige Spinne, die ihr gesamtes Leben im Wasser verbringt. Dazu baut sie sich ein „Unterwasserhaus", in dem sie Luft atmen kann. Zuerst spinnt sie eine Art Nest, das wie eine Glocke geformt ist und das sie mit weiteren Fäden an Wasserpflanzen befestigt.

Dann taucht sie auf, streckt Hinterleib und Hinterbeine aus dem Wasser und

Größe: 8 bis 15 mm
Beobachtungszeitraum: das ganze Jahr

nimmt beim Abtauchen eine große Luftblase mit, die sie unter der Glocke loslässt. Sie wiederholt das Ganze, bis eine geräumige Luftblase entstanden ist.

Schließlich setzt sie sich in ihre Wohnglocke und wartet auf Beute wie Flohkrebse, Wasserasseln, Kaulquappen und junge Fische. Wenn diese die Fäden der Luftblase berühren, bemerkt die Spinne das. Sie überwältigt die Tiere mit einem giftigen Biss und verspeist sie in der Glocke.

Die Kinderstube

Die Wasserspinne bekommt sogar ihre Kinder in der Luftblase. Das Weibchen legt seine Eier in einem Kokon ab, der die Hälfte der Wohnglocke einnehmen kann.

Fangnetz

In Bächen, Flüssen und Seen leben unzählige kleine Tierchen. Die beste Zeit, um in einem Gewässer nach Insekten und Ähnlichem zu forschen, ist der Frühling. Dann wimmelt es nämlich im und am Wasser von Libellen, Käfern und anderen Kleintieren. Um sie zu beobachten, musst du sie erst einfangen. Mit einem selbst gebastelten Fangnetz geht das ganz leicht.

Dazu benötigst du:

Ein Stück Nylonnetz,
etwas Draht,
Holzstab,
kleines Marmeladenglas,
Schnur,
Nadel und Faden

Und so gehts:

Biege den Draht zu einer großen Schlaufe und drehe die Enden fest um den Holzstab.

Nähe das Netz zu einem Schlauch zusammen und befestige diesen anschließend mithilfe von Nadel und Faden an der Drahtschlaufe.

Ziehe das untere Ende des Netzschlauchs über das Marmeladenglas und binde es mit einer Schnur richtig gut fest.

Zum Schluss umwickelst du den Draht am Holzstab mit einer dicken Schnur. So hält alles noch besser. Und schon ist das Fangnetz fertig!

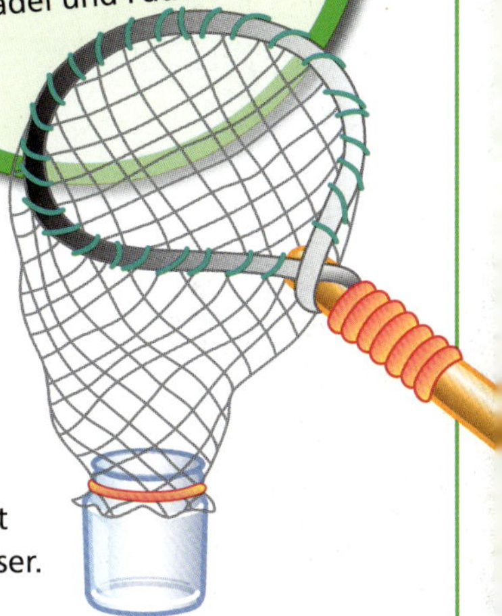

Und fertig ist dein Fangnetz!

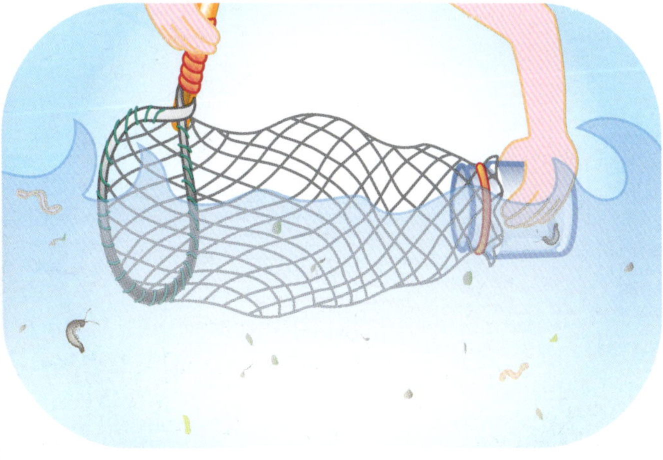

Fange vorsichtig ein paar Wasserbewohner und beobachte sie durch das Glas.

Und so benutzt du dein Fangnetz:

Halte das Marmeladenglas mit einer Hand fest und ziehe das Fangnetz mit der anderen Hand durch das Wasser. Im Glas kannst du deine Ausbeute gut betrachten. Vergiss jedoch nicht, die Tiere später wieder ins Wasser zu geben!

Tiere am Ufer

Eisvogel

Größe: 16 bis 18 cm
Gewicht: 35 bis 49 g
Beobachtungszeitraum: ganzjährig

Merkmale

Durch sein prächtiges Federkleid ist der Eisvogel unverwechselbar. Die Oberseite ist blau bis türkisfarben, die Unterseite orangebraun. Er ist etwas größer als ein Spatz, hat einen großen Kopf und einen ziemlich kurzen Schwanz.

Lebensraum

Der Eisvogel wohnt an langsam fließenden oder stehenden, klaren Gewässern. Dort ernährt er sich von kleinen Fischen, Krebstieren und Wasserinsekten. Er hat eine besondere Jagdmethode – das Stoßtauchen. Von Felsvorsprüngen oder am Ufer stehenden Bäumen aus beobachtet er, was sich im Wasser bewegt.

Hat er etwas Leckeres entdeckt, stürzt er sich schnell wie ein Pfeil kopfüber ins Wasser und holt sich den Fang. Größere Beute schlägt er anschließend auf einen Ast oder schüttelt sie so lange, bis sie tot ist. Kleinere Beute schluckt er gleich hinunter.

Schon gewusst?

Der Eisvogel brütet an steilen Ufern, wo er eine 40 bis 100 Zentimeter lange Niströhre in den weichen Sand gräbt. Dort legt das Weibchen sechs bis acht Eier ab, die beide Eltern abwechselnd bebrüten.

Mmmmm ... ein leckerer Fisch!

Blesshuhn

Größe: 36 bis 40 cm
Gewicht: 600 bis 800 g
Beobachtungszeitraum: ganzjährig

Merkmale

Das Blesshuhn trägt ein schwarzes Federkleid und einen weißen Fleck auf der Stirn. Sein Schnabel ist weiß. Der gute Schwimmer hat grüne Beine und breite Schwimmlappen an den Zehen.

Das schwarze Blesshuhn erkennst du leicht am weißen Hornschild auf seiner Stirn.

Lebensraum

Das Blesshuhn lebt an flachen Teichen und Seen sowie an langsam fließenden Gewässern, wo es reichlich Wasserpflanzen und einen Schilfgürtel gibt. Dort baut der Vogel bevorzugt sein Nest, in dem er sieben bis zehn Eier ausbrütet.

Die Jungvögel haben am Kopf rote Flaumfedern und einen roten Schnabel mit weißer Spitze. Erst nach vielen Wochen werden sie ihren Eltern immer ähnlicher.

Die Blesse

Seinen Namen hat das Blesshuhn von dem weißen Fleck auf seiner Stirn, der „Blesse", die eigentlich ein Hornschild ist. So kann man den Vogel mit keinem anderen verwechseln.

Das Blesshuhn ernährt sich hauptsächlich von Pflanzen im und am Wasser, frisst aber auch gern Insekten, Schnecken und Muscheln. Es ist kein geschickter Flieger, sondern läuft eher flügelschlagend über das Wasser.

Der Nachwuchs hat Hunger!

Bachstelze

Merkmale

Die Bachstelze trägt ein auffälliges schwarz-weiß-graues Federkleid. Du kannst sie auch an ihrem trippelnden Lauf erkennen. Außerdem wippt sie ständig mit dem langen Schwanz.

Die Bachstelze wippt ständig mit ihrem Schwanz.

Lebensraum

Die Bachstelze ist nicht besonders anspruchsvoll, hält sich aber sehr gern in der Nähe von Gewässern auf. Als Kulturfolger kann man sie jedoch auch häufig auf Feldern sowie in Dörfern und Städten antreffen. Die Vögel in nördlichen, kälteren Gebieten ziehen im Winter in wärmere Regionen, während die in südlicheren Gegenden oft in ihrem Brutgebiet bleiben.

Die Bachstelze baut ihr Nest in einer Höhe von einem halben bis drei Metern. Am liebsten platziert sie es dabei in Nischen von Gebäuden, Felsspalten oder Baumhöhlen.

Das Weibchen legt zweimal im Jahr jeweils vier bis sechs Eier, aus denen nach zwölf bis 14 Tagen Jungvögel schlüpfen. Diese verlassen das Nest nach etwa zwei Wochen. Die Bachstelze verspeist am liebsten Insekten und Spinnen.

Schon gewusst?

Die Bachstelze singt selten. Beim Auffliegen gibt sie oft Laute wie „Zipp“, „Zissis“ oder „Zwilipp“ von sich.

Das flauschige Nest einer Bachstelze

Flussregenpfeifer

Größe: 15 bis 20 cm
Gewicht: 25 bis 55 g
Beobachtungszeitraum: April bis September

Merkmale

Das Gefieder des Flussregenpfeifers ist oberseits sandbraun, unterseits weiß gefärbt. Am Kopf trägt der Vogel ein schwarzes Band. Stirn, Kehle und Hals sind leuchtend weiß gefärbt.

Typisch für den Flussregenpfeifer sind auch die gelben Augenringe.

Lebensraum

Der ursprüngliche Lebensraum des Flussregenpfeifers sind größere Flüsse mit Kiesbänken. Da solche Stellen durch den Eingriff des Menschen (Begradigungen und Aufstauung von Flüssen) immer seltener werden, findet man den Vogel heute meist an Baggerseen und Kiesgruben.

Der Flussregenpfeifer stochert unermüdlich im Schlick, wo er hauptsächlich Würmer, Mückenlarven, Insekten, Spinnen und gelegentlich auch Weichtiere erbeutet. Die Brutzeit ist von April bis Juli. Das Nest ist eine einfache Mulde zwischen Kieselsteinen, in die das Weibchen meist vier Eier legt. Die Jungvögel sind Nestflüchter, die gleich nach dem Schlüpfen den Eltern folgen. Sie können schon nach drei bis vier Wochen fliegen.

Zugvogel

Der Flussregenpfeifer ist ein Zugvogel und verbringt den Winter in Afrika. Er kommt nur zum Brüten zu uns.

Die Eier eines Flussregenpfeifers

Flussseeschwalbe

Größe: bis 35 cm
Gewicht: 100 bis 145 g
Beobachtungszeitraum: April bis September

Merkmale

Die Flussseeschwalbe hat eine hellgraue Oberseite und eine typische schwarze Haube. Der Bauch geht von Weiß in Grau über. Der Schwanz ist tief gegabelt, die Beine sind rot, ebenso wie der Schnabel, der zudem eine schwarze Spitze aufweist.

Lebensraum

Die Flussseeschwalbe ist ein Bewohner von Flusslandschaften, wo sie sich gern auf Kies- und Sandbänken aufhält. Da diese Lebensräume jedoch zunehmend zerstört wurden, ist dieser Vogel bei uns selten geworden.

Zur Nahrungssuche schwebt die Flussseeschwalbe elegant über der Wasseroberfläche. Dabei hält sie Ausschau nach Fischen, die sie am liebsten verspeist. Entdeckt sie einen Leckerbissen, stürzt sie sich mit ihrem steil nach unten gerichteten Schnabel ins Wasser und packt die Beute. Flussseeschwalben sind Zugvögel und überwintern hauptsächlich an der Westküste Afrikas.

Schon gewusst?

Flussseeschwalben kommen im Frühling wieder zu uns zurück. Sie brüten an den Küsten und auch an Flüssen, wo man ihnen zumeist künstliche Nisthilfen zur Verfügung stellt, weil sie kaum noch geeignete Nistplätze finden.

Die Flussseeschwalbe ist mittlerweile nur noch selten bei uns zu sehen.

Graureiher

Merkmale
Das Gefieder des Graureihers kann unterschiedlich gefärbt sein. Oft ist es auf dem Rücken grau und am Bauch heller, manchmal ist es aber auch weiß oder schwarz. Am Kopf trägt der langhalsige Schreitvogel zwei lange schwarze Federn.

Am Wasser hält der Graureiher Ausschau nach Beute.

Lebensraum
Der Graureiher lebt an Bächen, Flüssen und Seen, also dort, wo es viele Fische gibt. Er ist am Tag bis in die Dämmerung aktiv. Der geschickte Jäger wartet im seichten Wasser oder pirscht sich langsam an und hält Ausschau nach Beute. Hat er etwas entdeckt, stößt er mit seinem spitzen Schnabel blitzschnell zu. Auf der Speisekarte stehen Fische, Frösche, Eidechsen, Mäuse und Insekten.

Graureiher brüten in Kolonien und bauen ihre Nester hoch oben auf Bäumen. Das Weibchen legt drei bis fünf Eier, aus denen nach etwa 26 Tagen Junge schlüpfen. Da die Kleinen viel Hunger haben, müssen sie etwa alle zwei Stunden gefüttert werden.

Schon gewusst?
Der Graureiher oder Fischreiher verdankt seinen Namen der Farbe seines Federkleides. Doch Vorsicht: Nicht alle Graureiher sind immer grau gefärbt!

Höckerschwan

Größe: 1,3 bis 1,6 m
Gewicht: 10,5 bis 13,5 kg
Beobachtungszeitraum: ganzjährig

Merkmale

Durch sein weißes Federkleid, den orangeroten Schnabel und den schwarzen Schnabelhöcker beim Männchen ist der Höckerschwan kaum mit einer anderen Art zu verwechseln. Seinen langen Hals trägt er oft s-förmig gebogen.

Lebensraum

Der Höckerschwan lebt gern an langsam fließenden Gewässern und seichten Seen, oft in der Nähe des Menschen. Er braucht ziemlich viel Anlauf, bevor er sich in die Lüfte schwingen kann. Im Flug ist das Flügelgeräusch weithin zu hören.

Am Höcker auf dem Schnabel ist der Höckerschwan leicht zu erkennen.

Die Küken sind noch grau gefärbt.

Zur Brutzeit lebt der Höckerschwan paarweise, sonst meist in größeren Trupps. Das Nest wird von beiden Eltern in der Nähe des Wassers gebaut. Es besteht aus Schilf und Rohr. Das Weibchen legt fünf bis acht Eier, die es allein bebrütet. Die Küken sind Nestflüchter, die sofort den Eltern folgen.

Der Höckerschwan ernährt sich überwiegend von Wasser- und Unterwasserpflanzen, die er gründelnd abweidet. Er sucht aber auch oft an Land nach Gras, Samen und Wurzeln.

Ewige Treue

Höckerschwäne sind sehr treue Tiere. Wenn sich ein Männchen und ein Weibchen gefunden haben, bleiben sie ein Leben lang zusammen.

Haubentaucher

Merkmale

Der Haubentaucher trägt auf dem Rücken braune, am Bauch und am Hals weiße Federn. Anders als die Enten hat er keine Schwimmhäute, sondern Zehenlappen, das heißt, ein Teil der Zehen ist von Hautlappen gesäumt.

Lebensraum

Haubentaucher leben auf größeren Seen mit ruhigen Ufern, die mit Schilf und Binsen bewachsen sind. Dort bauen sie ein schwimmendes Nest aus Wasserpflanzen.

Ein Haubentaucher umsorgt seine Eier.

Das Weibchen legt drei bis vier Eier, die von beiden Elternteilen bebrütet werden. Verlassen die Eltern das Nest, decken sie die Eier mit Pflanzen ab. Die Küken sind Nestflüchter, die gleich schwimmen können und sofort ihren Eltern überallhin folgen.

Die Lieblingsspeise von Haubentauchern sind Fische, sie mögen aber auch Schnecken, Frösche, Wasserinsekten und fressen sogar Pflanzenfrüchte und -samen.

Schon gewusst?

Der Haubentaucher hat seinen Namen, weil er in der Paarungszeit einen auffälligen, aufgerichteten Federschopf auf dem Kopf trägt und weil er ausgezeichnet tauchen kann. Er erreicht oft Tiefen von bis zu 20 Metern und bleibt bis zu einer Minute unter Wasser.

Alles klar zum Abflug!

Rohrweihe

Größe: 48 bis 60 cm
Gewicht: Männchen etwa 550 g, Weibchen etwa 750 g
Beobachtungszeitraum: März bis August

Merkmale

Die Rohrweihe zählt zu den Greifvögeln. Das Weibchen hat ein einfarbig dunkelbraunes Federkleid, einen cremefarbenen Kopf und ähnlich gefärbte Schultern. Beim Männchen sind Rücken und Oberflügel braun, die Flügelspitzen schwarz, die restlichen Flügelpartien und der Schwanz grau. Das Gefieder der Unterseite ist rostbraun, Kopf und Hals sind hellgelb.

Lebensraum

Die Rohrweihe lebt an Seen, Flüssen und Sümpfen mit ausgedehnten Schilfflächen. Dort erbeutet der Greifvogel Fische, Frösche und Schlangen, aber auch Teich- und Blesshühner, Wasserratten sowie Mäuse und junge Hasen oder Kaninchen.

Sein Nest baut das Weibchen im dichten Schilf über dem Wasser. Aus den vier bis fünf Eiern schlüpfen nach etwa vier Wochen Jungvögel, die von der Mutter

Bis die Kleinen fliegen können, dauert es etwa zwei Monate.

gefüttert werden. Erst nach zwei Monaten sind die Jungen voll flugfähig und selbstständig.

Schon gewusst?

In Europa gibt es neben der Rohrweihe noch die Korn- und Wiesenweihe. Sie sind aber nicht auf die Nähe von Gewässern angewiesen, sondern bewohnen hauptsächlich Wiesen und Äcker.

Wo steckt die nächste leckere Mahlzeit?

Sumpfohreule

Merkmale

Die Sumpfohreule hat eine helle, gelbbraune Oberseite und eine kräftig längsgestreifte Unterseite. Die Ohrfedern sind ganz kurz und kaum zu sehen, die Augen leuchtend gelb.

Die Augen der Sumpfohreule sind leuchtend gelb.

Lebensraum

Wie der Name schon sagt, bewohnt die Sumpfohreule sumpfiges, feuchtes Gelände. Wie alle Eulen ernährt sie sich von kleinen Säugetieren, vor allem von Mäusen und Spitzmäusen.

Sie ist vorwiegend in der Dämmerung aktiv. Während der Balz und der Aufzucht der Jungen sieht man sie aber auch häufig am Tag. Die Sumpfohreule baut ihr Nest immer am Boden zwischen dichten Pflanzen. Dabei handelt es sich normalerweise um eine einfache Mulde, die manchmal noch mit verschiedenen pflanzlichen Materialien ausgekleidet wird.

Wer schön sein will …

Die Sumpfohreule ist ein sehr reinlicher Vogel und verbringt viel Zeit mit der Pflege des Gefieders. Sie nimmt auch ausgiebige Sonnenbäder, indem sie Gesicht und Brust der Sonne zuwendet und die Flügel hängen lässt.

Größe: 30 bis 40 cm
Gewicht: 250 bis 350 g
Beobachtungszeitraum: März bis September

Das Weibchen legt vier bis acht Eier, die es allein bebrütet. Die Jungen krabbeln nach etwa zwei Wochen aus dem Nest, werden aber noch weiter gefüttert. Fliegen können sie erst im Alter von etwa fünf Wochen.

Keine Maus in Sicht?

Stockente

Größe: 50 bis 60 cm
Gewicht: 700 g bis 1,5 kg
Beobachtungszeitraum: ganzjährig

Merkmale

Im Hochzeitskleid haben die männlichen Stockenten einen flaschengrünen Hals und Kopf, einen gelben Schnabel und einen weißen Halsring. Die Brust ist rostbraun gefärbt, der Rücken bräunlich grau, die Unterseite und Seiten hellgrau. Der Schwanz ist schwarz-weiß.

Die Weibchen sehen viel schlichter aus und sind einfach beige-braun meliert. Außerhalb der Brutzeit trägt auch das Männchen ein unscheinbares Gefieder und ist dann ebenfalls beige-braun bis olivfarben.

Eine Entenmutter und ihr Nachwuchs

Dieses Nest wurde gut versteckt.

Lebensraum

Stockenten leben an stehenden und langsam fließenden Gewässern. Als Allesfresser ernähren sie sich von Wasserpflanzen, Samen, im Wasser lebenden Wirbellosen, aber auch von kleinen Wirbeltieren. Sie suchen vor allem im flachen Wasser gründelnd nach Nahrung.

Schon gewusst?

Die Stockente ist die häufigste einheimische Schwimmente und die Stammform der meisten Hausenten.

Das Weibchen baut ein gut getarntes Nest in der Nähe des Wassers und kleidet es mit Daunenfedern aus. Es legt fünf bis 13 Eier, die es allein bebrütet. Die Jungen sind Nestflüchter und folgen sofort einem Elternteil. Normalerweise handelt es sich dabei um die Mutter.

Biber

Merkmale

Der Europäische Biber, das größte heimische Nagetier, trägt ein dickes wasserabweisendes braunes Fell. Die Ohren und die Nasenlöcher kann er beim Tauchen verschließen. Seine Augen sind durch eine durchsichtige Haut („Nickhaut") unter Wasser geschützt. Zwischen den Zehen der Hinterfüße hat der Biber Schwimmhäute. Seine Nagezähne mit einer orangefarbenen Schmelzschicht wachsen ständig nach.

Das Fell des Bibers ist wasserabweisend.

Lebensraum

Der Biber lebt am Ufer von Flüssen, Bächen und Teichen mit vielen Bäumen. Dort baut er seine Burgen und Dämme und staut Bäche auf. Die Baumstämme dafür fällt er mit seinen meißelartigen Nagezähnen.

Seine berühmten Dammbauten schützen nicht nur den unter Wasser liegenden Eingang seines Baus, sie regulieren gleichzeitig den Wasserstand seines Wohngewässers. Biberdämme sind etwa einen Meter hoch und können bis zu 100 Meter lang sein.

Der Biber ernährt sich von Blättern, Rinde und Zweigen. Sein Leben verbringt der elegante Schwimmer und Taucher größtenteils im Wasser.

Alarm!

Um seine Familie vor Gefahren zu warnen, schlägt der Biber laut platschend mit dem abgeplatteten, breiten Schwanz auf die Wasseroberfläche.

Der Biber fällt Bäume mithilfe seiner Nagezähne.

Fischotter

Schon gewusst?

Der Fischotter markiert sein Revier mit einem Duftstoff und mit Kot, um Eindringlinge zu vertreiben.

Der Fischotter ist ein geschickter Schwimmer.

Merkmale

Der Fischotter trägt Schwimmhäute zwischen den Fingern und Zehen, damit er schnell schwimmen kann. Er hat auch ein ganz besonders dichtes Fell, das ihn vor Nässe und Kälte schützt. Außerdem kann er im Wasser Ohren und Nasenlöcher schließen.

Ein Fischotter hält Ausschau.

Lebensraum

Der scheue Einzelgänger lebt an Ufern von sauberen, fischreichen Gewässern. Der Fischotter gilt zwar als Landraubtier, fühlt sich aber im Wasser genauso wohl. Er ist ein hervorragender Schwimmer und kann minutenlang tauchen. Das Tier gräbt am Flussufer Baue mit einer Wohnkammer, einem Unterwassereingang und einem Luftschacht.

Der Räuber geht hauptsächlich nachts auf die Jagd, tagsüber verlässt er seinen Bau nur, wenn er ungestört ist. Am liebsten frisst er Fische, aber auch Wasservögel, Frösche, Muscheln und Krebse lässt er sich schmecken. An Land nascht er auch an süßen Früchten. Das Weibchen bekommt zwei bis drei Junge, die anfangs ziemlich wasserscheu sind.

Wasserspitzmaus

Größe: 7 bis 9,5 cm
Schwanz: 4,7 bis 7,7 cm

Merkmale

Die Wasserspitzmaus trägt ein langes, dichtes schwarzbraunes Fell, das auf der Unterseite silbrig weiß bis braun gefärbt sein kann. Im Wasser werden nur die Haarspitzen nass, das übrige dicht am Körper liegende Fell bleibt trocken und hält das Tier warm.

Zum Schwimmen benutzt die Wasserspitzmaus die Füße und den Schwanz. Die Zehen an den Hinterfüßen sind mit Borsten versehen und dienen als Paddel.

Lebensraum

Die Wasserspitzmaus bewohnt die Uferbereiche von Gewässern, aber auch Sumpfgebiete und feuchte Wiesen. Sie kann sowohl sehr gut schwimmen als auch tauchen und dabei etwa 20 Sekunden lang unter Wasser bleiben.

Die Spitzmaus braucht jeden Tag so viel Nahrung, wie sie selbst wiegt! Mit Vorliebe fängt sie Wasserinsekten, deren Larven, kleine Krebstiere sowie Fisch- und Froschlaich.

In ihrem Bau, den sie entweder selbst gräbt oder von anderen Tieren übernimmt, errichtet sie ein weiches Nest aus Laub und Moos und zieht dort ihre Jungen auf.

Schon gewusst?

Die Wasserspitzmaus hat einen giftigen Speichel, mit dem sie ihre Beute tötet, bevor sie sie verspeist. Für uns Menschen ist sie allerdings nicht gefährlich.

Die Wasserspitzmaus ist ein Insektenfresser.

Gelbbauchunke

Größe: 3,5 bis 5 cm
Gewicht: etwa 6 g

Der Bauch ist gelb und hat schwarze Punkte.

Rotbauchunke

Eine nahe Verwandte ist die Rotbauchunke. Wie der Name schon sagt, hat sie eine rote Bauchseite und besitzt auch eine Schallblase.

Merkmale

Die Gelbbauchunke gehört zu den Amphibien, das heißt, sie hat sich an ein Leben im Wasser und an Land angepasst. Ihre Körperoberseite ist grauschwarz bis grünlich gefärbt, der Rücken mit vielen Warzen besetzt. Die Bauchseite ist gelb mit schwarzen Flecken. Die Gelbbauchunke besitzt keine Schallblase, deshalb klingen ihre Rufe wie leises Flöten.

Lebensraum

Das tagaktive Tier lebt die meiste Zeit in oder am Rand von kleinen Tümpeln. Bei Gefahr nimmt sie eine Abwehrstellung ein und zeigt die auffällige Bauchfärbung, die den Feind abschrecken soll. Sie verspeist am liebsten Würmer, Spinnen und Schnecken. Insekten und Mückenlarven mag sie aber auch.

Die Paarung findet im Wasser statt. Das Weibchen legt kleine runde Eipakete mit etwa 100 Eiern ab und klebt sie meist an Pflanzenstängeln fest. Nach acht Tagen schlüpfen ziemlich große Kaulquappen, die sich etwa innerhalb eines Monats zu kleinen Unken entwickeln.

Die Gelbbauchunke quakt nicht besonders laut.

Moorfrosch

Merkmale

Moorfrösche können ganz unterschiedliche Farben haben. Viele sind hell- bis dunkelbraun gefärbt, manche sind rötlich braun, gräulich oder gelblich mit schwarzen Flecken. Oft werden sie mit dem Springfrosch oder mit dem Grasfrosch verwechselt. In der Paarungszeit sind die Männchen allerdings leicht an ihrer himmelblauen bis violetten Färbung zu erkennen.

Lebensraum

Wie der Name schon sagt, bewohnt der Moorfrosch hauptsächlich Moore, Nasswiesen und Sumpfgebiete. Zur Paarungszeit wandern die Tiere zu einem Laichgewässer. Am Ufer locken die Männchen mit ihrem Gesang, der wie „wuog, wuog, wuog" klingt, Weibchen an.

Die Paarung findet dicht unter der Wasseroberfläche statt. Das Weibchen legt seine Eier im Wasser ab. Nach einigen Wochen schlüpfen die Larven, die Kaulquappen. Zwei bis drei Monate später verwandeln sie sich in Jungfrösche. Der Moorfrosch ernährt sich von Insekten, Spinnen, Schnecken und Würmern.

Wohin im Winter?

Den Winter verbringt der Moorfrosch in Verstecken an Land, zum Beispiel unter Herbstlaub oder Moos. Selten gräbt er sich auch im schlammigen Gewässergrund ein.

Moorfrösche leben gern in Mooren und Sümpfen.

Zur Paarungszeit sind die Männchen blau gefärbt.

Kleiner Wasserfrosch

Schwimm, kleiner Wasserfrosch!

Merkmale

Der Kleine Wasserfrosch ist grasgrün bis grünbraun gefärbt und zur Paarungszeit ungefleckt. Sonst hat er meist schwarze oder braune Sprenkel. Das Männchen ist etwas kleiner als das Weibchen.

Lebensraum

Der Wasserfrosch lebt ständig in sonnigen ruhigen, meist seichten Gewässern mit viel Pflanzenbewuchs. Manchmal unternimmt er Wanderungen an Land und kann sich mehrere Tage oder Wochen außerhalb des Wassers aufhalten.

Der Wasserfrosch ernährt sich hauptsächlich von Insekten, die in seinem Lebensraum umherschwirren. Doch auch Regenwürmer, Nacktschnecken und sogar kleinere Amphibien stehen auf seiner Speisekarte.

Nach der Paarung im Wasser heftet das Weibchen kleine Eiballen an Wasserpflanzen. Die daraus schlüpfenden Kaulquappen entwickeln sich innerhalb einiger Monate zu Jungfröschen.

Quakkonzerte

Das Wasserfroschmännchen hat zwei seitliche Schallblasen, die es aufblähen kann. Dadurch werden die Rufe verstärkt, wenn es in der Paarungszeit seine lauten Quakkonzerte veranstaltet, um Weibchen anzulocken.

Der Kleine Wasserfrosch lebt in ruhigen Gewässern.

Teichmolch

Größe: etwa 11 cm
Gewicht: etwa 3 bis 4 g

Merkmale

Der Teichmolch gehört zu den Schwanzlurchen. Er ist schlank und hat einen Schwanz, der seitlich zusammengedrückt ist. Außerhalb der Paarungszeit sind Männchen und Weibchen sandfarben bis hellbraun gefärbt und haben kleine, dunkle Flecken.

Zur Paarungszeit bekommt das Männchen eine bunte Wassertracht mit einem hohen gezackten Kamm vom Hinterkopf bis zum Schwanzende. Die Wassertracht des Weibchens ist unauffälliger.

Zur Paarungszeit trägt das Männchen eine bunte Wassertracht mit einem gezackten Kamm.

Lebensraum

Außerhalb der Paarungszeit bewohnt der Teichmolch Waldränder, Hecken und Naturgärten, die in der Nähe von Gewässern liegen. Zur Fortpflanzung geht er an Tümpel, Teiche und Weiher.

Aus den Eiern schlüpfen Larven, die schon wie winzige Molche aussehen, aber an den Kopfseiten Kiemenbüschel tragen. Diese verschwinden, wenn sie erwachsen sind und an Land gehen. Der räuberische Teichmolch frisst an Land Würmer, Schnecken und Insekten, im Wasser Wasserflöhe, winzige Krebse und Libellenlarven.

Schon gewusst?

Um die Weibchen zu beeindrucken, führt das Teichmolchmännchen einen richtigen Tanz auf. Dabei zeigt er den leuchtend orangefarbenen Bauch und wedelt mit dem bläulich gefärbten Schwanz.

Ein junger Teichmolch

Unterwasser-Beobachtungsgerät

Wenn du an einem kleinen See Urlaub machst, kannst du dir das Treiben unter dem Wasser mit einem selbst gebauten Unterwasser-Beobachtungsgerät direkt ansehen. Natürlich muss der See so flach sein, dass du bequem im Wasser stehen kannst. Auch sollte eine erwachsene Person immer dabei sein.

Dazu benötigst du:

1 kleinen Eimer,
1 großen Eimer,
etwa 50 cm langen Holzstab,
scharfes Messer

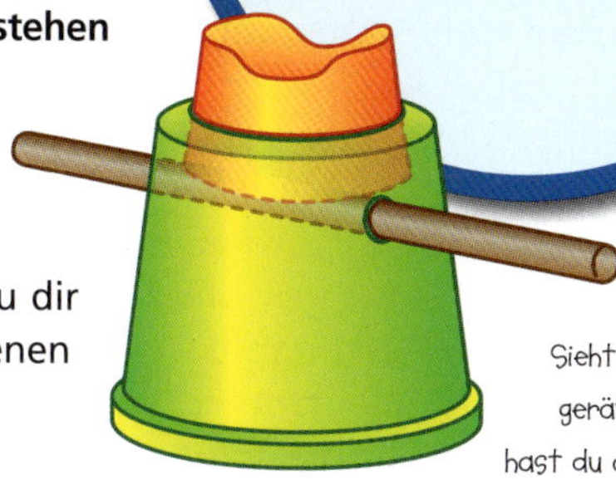

Sieht dein Beobachtungsgerät auch so aus? Dann hast du alles richtig gemacht!

Und so gehts:

Beim Bau dieses Geräts solltest du dir am besten von einem Erwachsenen helfen lassen!

Schneide in den Boden des großen Eimers ein größeres Loch. Der kleinere Eimer sollte zu zwei Dritteln dort hindurchpassen.

Markiere am großen Eimer zwei gegenüberliegende Löcher, die in der Höhe liegen, in der der kleine Eimer unten endet. Entferne anschließend den kleinen Eimer wieder und schneide die beiden Löcher dann aus.

Danach entfernst du mithilfe des Messers den Boden des kleinen Eimers und zwar so, dass zwei gegenüberliegende Rundungen stehen blieben. Das Ganze sollte wie die Seiten einer Tauchermaske aussehen.

Zum Schluss steckst du den kleinen Eimer von unten in den großen Eimer und den Holzstab durch die Löcher. Der Stab sorgt dafür, dass die beiden Eimer ineinander stecken bleiben.

Verwende die Enden des Stabes, die an beiden Seiten herausragen, als Griffe und gehe im Wasser auf Entdeckungsreise!

Gehe mit deinem Beobachtungsgerät auf Entdeckungstour und erforsche die Unterwasserwelt.

Ringelnatter

Größe: 1 bis 1,2 m
Beobachtungszeitraum: März/April bis Oktober

Merkmale

Ringelnattern können sehr unterschiedlich gefärbt sein und einen rotbraunen, schiefergrauen oder olivfarbenen Körper mit Längsstreifen oder Flecken haben. Das typische Merkmal, zwei gelbliche bis weiße halbmondförmige Flecken hinter dem Kopf, tragen aber alle Tiere.

Lebensraum

Die Ringelnatter ist die bei uns am häufigsten vorkommende Schlange und harmlos. Sie mag Wasser und lebt daher an Weihern, Tümpeln, langsam fließenden Gewässern sowie auf feuchten Wiesen. Die tagaktive Schlange kann sehr gut schwimmen und tauchen.

Die Ringelnatter kann sehr gut schwimmen und tauchen.

Auf der Speisekarte stehen Frösche, Molche, Kröten und Fische, aber auch Eidechsen und Mäuse. Das Weibchen legt bis zu 40 Eier an Baumstümpfen oder in Komposthaufen ab. Nach vier bis acht Wochen schlüpfen die jungen Schlangen. Den Winter verbringt die Ringelnatter in einer Kältestarre unter einem Laub- oder Komposthaufen oder in einer Erdhöhle.

Tricks gegen Feinde

Wird die Ringelnatter angegriffen, scheidet sie eine stinkende Flüssigkeit aus. Manchmal stellt sie sich auch tot: Sie dreht sich halb auf den Rücken, wird ganz schlaff und lässt die Zunge aus dem Maul hängen.

Die Ringelnatter hat zwei helle Flecken hinten am Kopf.

Sumpfschildkröte

Lebensraum

Die Europäische Sumpfschildkröte, unsere einzige heimische Schildkröte, lebt in stillen oder langsam fließenden Gewässern, im Uferbereich von Seen, in Teichen oder Gräben. Sie sonnt sich gern am Ufer auf Steinen, taucht bei Gefahr jedoch sofort ins Wasser.

Das Weibchen legt neun bis 15 Eier in eine selbst gegrabenen Grube im feuchten Boden ab. Nach 80 bis 120 Tagen schlüpfen daraus die Jungtiere, die sofort ins Wasser gehen. Die Sumpfschildkröte ernährt sich von Fischen, Fröschen und Molchen sowie von im Wasser lebenden Schnecken, Krebstieren und Insektenlarven.

Merkmale

Der dunkle Rückenpanzer der Europäischen Sumpfschildkröte hat meist ein Muster aus gelben Strichen und Punkten, die fächerstrahlenförmig angeordnet sind. Der Bauchpanzer kann einfarbig gelb oder gefleckt sein.

Rücken- und Bauchpanzer sind durch eine bewegliche Knorpelschicht und eine dehnbare Haut miteinander verbunden. Die Beine sind mit Schuppen besetzt. Zwischen den Zehen spannen sich Schwimmhäute.

Schon gewusst?

Die Europäische Sumpfschildkröte kann gut schwimmen und lange tauchen.

Die Europäische Sumpfschildkröte ist bei uns die einzige heimische Schildkröte.

Köcherfliege

Merkmale

Die unauffälligen Köcherfliegen bilden eine Ordnung der Insekten mit mehr als 400 verschiedenen europäischen Arten. Die erwachsenen Tiere sind bräunlich gefärbt und haben vier zarte, behaarte Flügel. Ihre dünnen Antennen sind fast so lang wie der Körper.

Köcherfliegen leben nur wenige Tage.

Lebensraum

Köcherfliegen halten sich am liebsten an bewachsenen Bachufern auf. Die Larven leben dagegen in kleinen Bächen und Flüssen. Die meisten Arten sind dämmerungs- und nachtaktiv. Die ausgewachsenen Tiere sind keine guten Flieger, legen nur kurze Strecken zurück und ruhen sich viel aus.

Arten mit einer Lebensdauer von nur wenigen Tagen fressen kaum etwas. Solche, die einige Monate leben, ernähren sich von Pflanzensäften und Nektar. Die Larven fressen entweder Pflanzen oder winzige, im Wasser lebende Tiere. Ihre Feinde sind vor allem Fische, die sie samt Köcher vertilgen.

Die Larven der Köcherfliege leben in kleinen Köchern aus Steinen und Holz.

Was hat es mit dem Köcher auf sich?

Bekannter als die erwachsenen Tiere sind die Larven, die in Wohnröhren aus Steinchen oder Holz leben. Diese bezeichnet man als Köcher. Daher stammt auch der Name.

Plattbauchlibelle

Merkmale
Die Plattbauchlibelle kann man gut an ihrem kurzen, platten Hinterleib erkennen – daher auch der Name! Ältere Männchen haben eine blaue Färbung, die Weibchen und die jüngeren Männchen zeigen dagegen unterschiedlich helle gelb-braune Töne. Am Ansatz der Flügel befindet sich jeweils ein großer dreieckiger Fleck.

Der Hinterleib der Plattbauchlibelle ist platt.

Lebensraum
Die Plattbauchlibelle liebt kleine stehende oder langsam fließende, klare Gewässer, die eher wenig mit Pflanzen bewachsen sind. Nach der Paarung wirft das Weibchen die Eier im Flug über pflanzenreichen Gewässerabschnitten ab.

Die räuberischen Larven vergraben sich im Schlamm und lauern auf Insekten und deren Larven, Krebstiere, Würmer und Amphibienlarven. Nach ein bis zwei Jahren häuten sie sich zu fertigen Libellen. Die ausgewachsenen Plattbauchlibellen fangen und fressen ihre Beute – andere Insekten – im Flug.

Schon gewusst?

Die Plattbauchlibelle ist ein ausgezeichneter und wendiger Flieger. Sie kann sehr hohe Geschwindigkeiten erreichen und weite Strecken fliegen. Sie hat nämlich große Luftsäcke in der Brust und im Hinterleib, die den Auftrieb vergrößern, ohne das Gewicht zu erhöhen.

Ältere Männchen sind blau gefärbt.

Blaugrüne Mosaikjungfer

Größe: bis 8 cm
Flügelspannweite: 9,5 bis 11 cm

Merkmale

Die Blaugrüne Mosaikjungfer gehört zu unseren größeren Libellen. Ihr Brustabschnitt ist gelbgrün gefärbt und schwarz gezeichnet. Der Hinterleib des Männchens ist schwarz mit grünen oder blauen Flecken. Beim Weibchen ist der Hinterleib braunschwarz-grün gezeichnet. Die Mosaikjungfer hat riesige Facettenaugen.

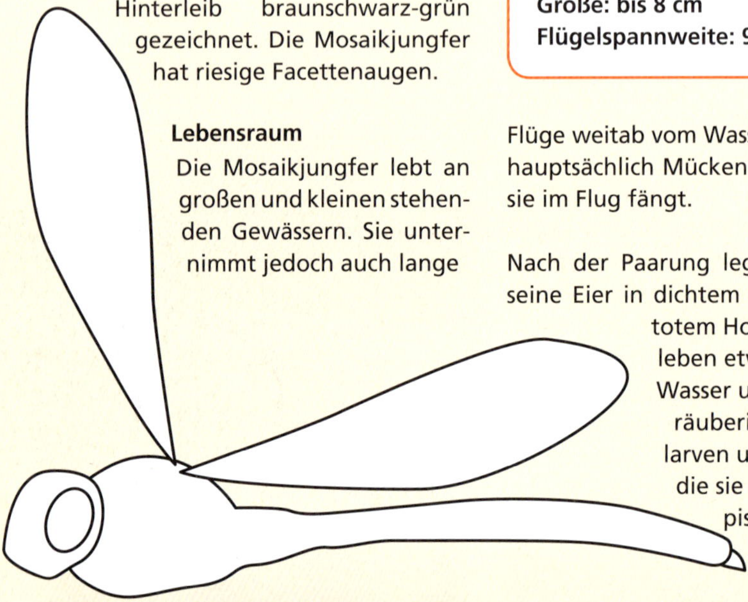

Lebensraum

Die Mosaikjungfer lebt an großen und kleinen stehenden Gewässern. Sie unternimmt jedoch auch lange Flüge weitab vom Wasser. Dabei jagt sie hauptsächlich Mücken und Fliegen, die sie im Flug fängt.

Nach der Paarung legt das Weibchen seine Eier in dichtem Schilf, Gras oder totem Holz ab. Die Larven leben etwa zwei Jahre im Wasser und ernähren sich räuberisch von Mückenlarven und Kleinkrebsen, die sie mithilfe einer typischen Fangmaske erbeuten.

Die Facettenaugen einer Blaugrünen Mosaikjungfer

Schon gewusst?

Die Blaugrüne Mosaikjungfer ist sehr neugierig und nähert sich ihrem Beobachter manchmal bis auf wenige Zentimeter. Dabei bleibt sie wie ein Hubschrauber in der Luft stehen. Deshalb glaubte man früher, Libellen würden Menschen in die Augen stechen. In Wahrheit ist die Mosaikjungfer natürlich völlig harmlos!

Stechmücke

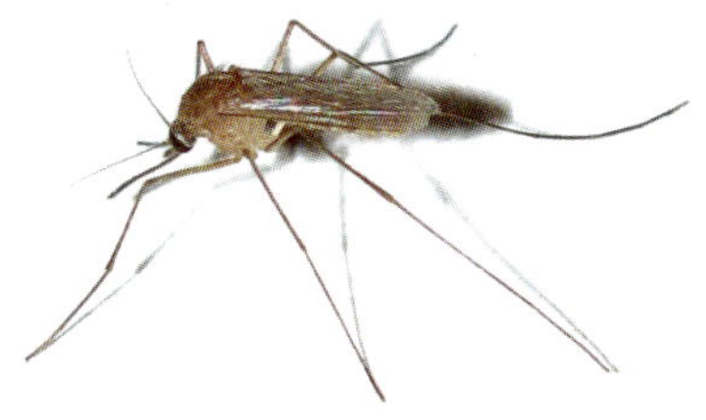

Größe: 3 bis 6 mm
Flügelspannweite: etwa 1 cm

Merkmale

Typische Kennzeichen der Stechmücke sind der schlanke, zarte Körper sowie die langen Beine und Fühler. Das Weibchen hat einen langen Stechrüssel, mit dem es Blut saugen kann. Das Männchen trägt einen Saugrüssel, der nur zum Aufnehmen von Nektar und Pflanzensäften geeignet ist.

Lebensraum

Die Stechmücken bewohnen fast alle Lebensräume, in deren Nähe sich ein kleineres oder größeres Gewässer befindet. Die Weibchen legen dort ihre Eier auf der Wasseroberfläche ab. Nach dem Schlüpfen leben die Larven mithilfe eines Atemrohrs am Hinterleib unter Wasser. Sie fressen Plankton, Algen und Kleinsttiere.

Während sich die ausgewachsenen Männchen ausschließlich von Nektar und Pflanzensäften ernähren, benötigen weibliche Stechmücken zusätzliche Blutmahlzeiten für die Entwicklung ihrer Eier. Deshalb saugen sie das Blut von Säugetieren, auch das der Menschen, sowie von Vögeln.

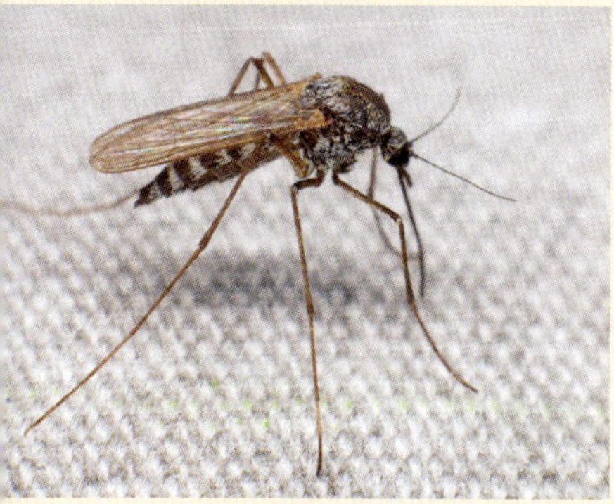

Die Steckmücke ist nur einige Millimeter groß und hat lange dünne Beine.

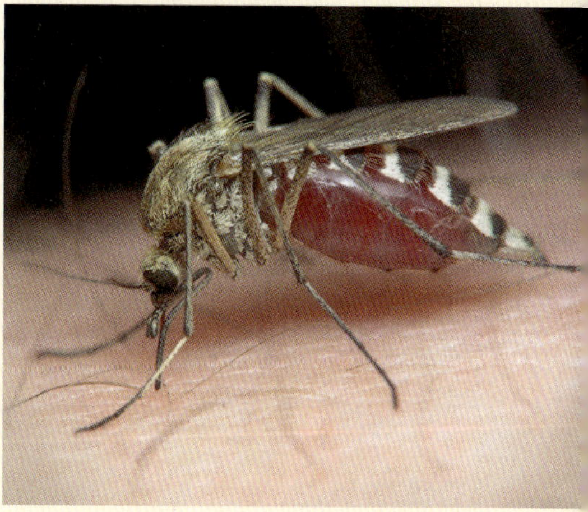

Mit dem langen Stechrüssel saugt das Weibchen Blut.

Krankheitsüberträger

Besonders in tropischen Gegenden können manche Stechmückenarten schwere Krankheiten, zum Beispiel die Malaria, übertragen und sind daher gefährlich für den Menschen.

Pflanzen

Armleuchteralge

Wuchshöhe: bis zu 60 cm lang

Merkmale

Da sich die zarten Triebe der Armleuchteralge ähnlich wie ein mehrarmiger Kerzenständer verzweigen, ist diese Alge zu ihrem Namen gekommen. Diese Seitenäste sind kreisförmig angeordnet und mit vielen blätterähnlichen Quirlen besetzt.

Standort

Armleuchteralgen bilden eine Gruppe der Grünalgen. Sie enthalten Blattgrün (Chlorophyll) und können Fotosynthese betreiben. Armleuchteralgen kommen in allen Teilen der Erde in Bächen, Teichen, Quellen und Gräben in Tiefen von bis zu 20 Metern vor.

Vorsicht, zerbrechlich!

Aufgrund des Kalks, der sich auf der Armleuchteralge ablagert, werden die Triebe starr und brechen sehr leicht ab.

Besonders wohl fühlen sie sich in Gewässern, die wenige Nährstoffe, dafür aber viel Kalk enthalten. Deshalb ist die eigentlich grüne Pflanze meist durch die hellen Kalkablagerungen weißlich grau gefärbt.

Oft bilden die Algen eine dichte „Unterwasserwiese" auf dem Boden eines Gewässers. Im Sommer und Herbst erscheinen an den Ästen der Pflanzen die Geschlechtsorgane zur Fortpflanzung: Die männlichen sind besonders auffällig und orangerot gefärbt, die weiblichen eher unscheinbar und blaugrün.

Die Äste der Armleuchteralge verzweigen sich wie die Arme eines Kerzenständers.

Flatterbinse

Die Flatterbinse kann problemlos einige Zentimeter tief i
Wasser stehen.

Merkmale

Der glatte Stängel der Flatterbinse steht aufrecht nach oben. Schneidet man ihn durch, sieht man, dass er im Querschnitt rund und innen mit weißem Mark gefüllt ist. Die Blätter der Flatterbinse sind rundlich und bleiben auch im Winter grün. Der Blütenstand weist winzige, unscheinbare grünliche Blüten auf und sitzt seitlich am Stängel.

Standort

Die Flatterbinse ist weit verbreitet und wächst auf nassen Wiesen, in Sümpfen, Quellmooren und auf feuchten Waldwegen. Sie verträgt sogar nasse Füße und kann zehn bis 20 Zentimeter tief im Wasser stehen. Besonders gut gedeiht sie an sonnigen oder halbschattigen Plätzen. Gegenüber anderen Pflanzenarten ist sie sehr konkurrenzstark.

Aus den Blüten entwickeln sich eiförmige bis kugelige Kapseln, die hellbraune Samen enthalten. Die Samen werden durch den Wind verbreitet. Die Stängel wurden früher als Flechtmaterial, das Mark als Lampendocht verwendet.

Sprichwort

Die Redewendung „Das geht in die Binsen" bedeutet, dass etwas verloren geht oder missglückt. Die Wendung geht darauf zurück, dass Enten, die bei der Jagd ins Dickicht aus Binsen und anderen Gräsern flüchteten, dem Jäger entkamen und so für ihn verloren waren.

Wasserpflanzen im Winter

Manche Wasserpflanzen, zum Beispiel der Froschbiss, bilden an ihren Wurzeln besondere Knospen als Überwinterungsorgane, die man Winterknospen nennt. In jeder Knospe sind eine neue vollständige Pflanze und Nahrungsvorräte angelegt.

Wenn diese Knospen reif sind, brechen sie ab und sinken auf den Gewässergrund, um so die kalte Jahreszeit zu überstehen. Wenn es im Frühling wärmer wird und die gespeicherte Nahrung verbraucht ist, treiben die Knospen an die Wasseroberfläche und entwickeln sich zu neuen Pflanzen.

Dazu benötigst du:

Froschbisspflanzen, Glasgefäß, Teichwasser, Lupe, Messer, jede Menge Zeit

Und so gehts:
Sammle im Herbst einige Froschbisspflanzen aus eurem Gartenteich. Gib die Pflanzen dann in ein Glasgefäß mit Wasser aus dem Teich. Stelle den Behälter an einen kühlen Ort und beobachte, was im Laufe des Winters und am Anfang des Frühjahrs passiert!

Du wirst Folgendes feststellen:
Zu Beginn der kalten Jahreszeit bilden sich sogenannte Winterknospen, die sich von der Pflanze lösen und auf den Boden deines Glases sinken. Im Frühjahr entwickeln sich daraus neue Pflanzen, die dann wieder nach oben steigen.

Du kannst auch eine Winterknospe herausnehmen, um sie aus der Nähe zu betrachten, zum Beispiel mit einer Lupe. Wenn die Pflanze viele Winterknospen gebildet hat, kannst du auch eine durchschneiden und das Innere untersuchen.

Die Winterknospen fallen zu Boden.

Die junge Pflanze steigt im Frühjahr nach oben.

Froschbiss

Merkmale

Der Froschbiss ist eine Schwimmblattpflanze. Seine lang gestielten Blätter sind rundlich herzförmig und ähneln einer Froschschnauze. Daher hat die Pflanze ihren Namen. Sie glänzen stark, sind olivgrün bis bronzefarben gefärbt und kreisartig angeordnet.

Zwischen den Blättern sitzen auf langen Stielen weiße Blüten über der Wasseroberfläche. Die männlichen, größeren Blüten erscheinen immer zu dritt, die kleineren weiblichen Blüten einzeln.

Standort

Der Froschbiss wächst in stehenden Gewässern, deren Grund schlammig ist. Dort unten überstehen auch seine Winterknospen die kalte Jahreszeit. An sonnigen Plätzen blüht die Pflanze besonders stark, sie verträgt aber auch Schatten.

Als Schwimmblattpflanze treibt der Froschbiss meist frei im Wasser, nur in Ufernähe verankern sich seine feinen Wurzeln im Boden. Die Nährstoffe, die sie zum Wachsen benötigt, nimmt die Pflanze direkt aus dem Wasser auf.

Schon gewusst?

Der Froschbiss ist eine beliebte Pflanze für Zierteiche und ruhig fließende Bachläufe in Parks. Auch in der Sumpfzone eines Gartenteichs fühlt er sich sehr wohl.

Die Blätter des Froschbisses sehen wie winzige Seerosenblätter aus.

Wasserhahnenfuß

Merkmale

Diese Art des Hahnenfußes wächst im Wasser und trägt im Frühsommer bis Frühherbst weiße Blüten mit goldgelber Mitte. Sie bedecken dann die Oberflächen vieler Gewässer. Die Pflanze bildet zum einen Blätter, die sich unter Wasser befinden und fein zerteilt sind. Zum anderen hat sie gelappte Blätter, die auf dem Wasser treiben und wie Nieren geformt sind.

Standort

Der Wasserhahnenfuß aus der Familie der Hahnfußgewächse kommt in vielen stehenden oder langsam fließenden Gewässern, besonders in Gräben, Teichen und Tümpeln vor. Er wächst in Wassertiefen ab 30 Zentimeter an sonnigen und halbschattigen Plätzen.

Seine Wurzeln können sich im schlammigen Boden gut verankern. Das krautige Gewächs vermehrt sich sehr stark und kann kleine Gewässer in kurzer Zeit bedecken und so andere Wasserpflanzen verdrängen.

Der Wasserhahnenfuß hat weiße Blüten mit einer gelben Mitte.

Keine Algen

Der Wasserhahnenfuß reichert das Wasser nicht nur mit Sauerstoff an, sondern entzieht ihm auch so viele Nährstoffe, dass Algen kaum eine Chance haben. Wenn es weniger Algen gibt, bleiben die Gewässer sauber. Die Pflanze eignet sich auch gut für Gartenteiche, aber man muss darauf achten, dass sie nicht wuchert.

Kalmus

Wuchshöhe: 60 cm bis 1,2 m
Blütezeit: Mai bis Juli

Merkmale

Der Kalmus hat einen kriechenden Wurzelstock, der fleischig und grünlich braun gefärbt ist. Aus ihm entwickeln sich dreikantige Stängel. Diese tragen lange Blätter, die denen von Schwertlilien ähneln.

Die Pflanze bildet einen Blütenstand, der wie ein Kolben aussieht und aus vielen unscheinbar grün gefärbten, winzigen Einzelblüten besteht. Jeder Blütenkolben hat ein langes Hüllblatt.

Der Kalmus hat lange schmale Blätter.

Standort

Der Kalmus ist ursprünglich in den Tropen und Subtropen in Süd- und Ostasien beheimatet und wurde Ende des 16. Jahrhunderts nach Europa gebracht. Er gehört zu den Sumpfpflanzen und wächst in den Uferbereichen von stehenden oder langsam fließenden Gewässern.

Zerreibt man die Blätter, verbreitet sich ein würziger Duft, den manche Menschen als unangenehm modrig empfinden. Dieser Geruch stammt von den ätherischen Ölen der Pflanze, die die Haut und auch die Schleimhäute reizen können.

Altes Heilmittel

Kalmus wird schon seit Urzeiten als Heilmittel verwendet und ist sogar in Coca-Cola® enthalten. Eine Tinktur, die aus dem Wurzelstock der Pflanze zubereitet wird, hilft beispielsweise bei Magenbeschwerden.

Die Blüten sind wie Kolben geformt.

Mädesüß

Wuchshöhe: 50 cm bis 2 m
Blütezeit: Juni bis August

Merkmale

Die Stängel des Mädesüß sind dicht mit gefiederten, dunkelgrünen Laubblättern besetzt. Diese haben auf der Unterseite filzartige weiße Haare. Typisch für diese Pflanze ist, dass der Stängel abwechselnd ein kleines und ein großes Fiederblattpaar trägt. Die kleinen weißen Blüten auf den langen Stielen sind schirmartig angeordnet und duften sehr stark.

Mädesüß ist eine alte Heilpflanze.

Standort

Mädesüß wächst auf feuchten bis nassen Wiesen, an Gräben und Ufern in sonnigen bis halbschattigen Lagen. Es kann in bis zu drei Zentimeter tiefem Wasser stehen.

Die Blüten des Mädesüß sehen aus wie kleine Wolken.

Mädesüß ist eine alte Heilpflanze und wurde früher gegen Schmerzen verwendet, bevor künstlich hergestellte Schmerzmittel auf den Markt kamen. Aus den Blüten kann man auch einen Tee zubereiten, der bei Erkältungen und Grippe hilft.

Schon gewusst?

Das Mädesüß hat viele volkstümlich Namen, zum Beispiel Geißbart, Spierstaude, Wiesenkönigin oder Wiesensüß. Die bekannteste Bezeichnung, Mädesüß, hat nichts mit Mädchen zu tun. Die Pflanze wurde zum Süßen von Honigwein, Met, verwendet – daher der Name!

Pfeilkraut

Entdeckst du die runden Früchte des Pfeilkrauts?

Merkmale

Das Gewöhnliche Pfeilkraut ist eine Wasserpflanze. Je nach Wasserhöhe bildet es unterschiedlich geformte Blätter. Im Frühjahr entwickeln sich zunächst bandförmige Unterwasserblätter. Später folgen dann spatelförmige Schwimmblätter und zuletzt die typischen pfeilförmigen Blätter, denen die Pflanze ihren Namen verdankt.

Am unteren Ende des Blütenstands befinden sich die weißen weiblichen Blüten. Weiter oben sitzen die männlichen Blüten, die zusätzlich einen roten Fleck haben.

Bienen freuen sich über die Blüten des Pfeilkrauts.

Standort

Das Pfeilkraut wächst am Ufer, in Teichen, Tümpeln und langsam fließenden Bächen. Am Ende langer Zweige bildet die Pflanze Knollen, mit deren Hilfe sie die kalte Jahreszeit übersteht. Diese Knollen lösen sich nämlich von der Mutterpflanze und bilden im Frühjahr neue Pflänzchen.

Aus den Blüten entwickeln sich geflügelte Nussfrüchte, die von Wind und Wasser verbreitet werden.

Schon gewusst?

Die pfeilförmigen Blätter dieser Pflanze haben lange Stiele und richten sich immer nach der Sonne aus. Deshalb wird die Pflanze auch Kompasspflanze genannt.

Rohrkolben

Merkmale

Es gibt den Breitblättrigen und den Schmalblättrigen Rohrkolben. Wie der Name schon sagt, hat die breitblättrige Art breite Blätter und gedrungene, meist sehr dunkle kolbenförmige Blütenstände.

Die Blüten haben die Form eines Kolbens.

Bei der schmalblättrigen Art sind die Blätter schmaler und die Kolben lang und schlank. Letztere sind erst grünlich, dann braun bis schwärzlich gefärbt.

Standort

Rohrkolben wachsen am Ufer von Teichen und Seen sowie ruhigen Fließgewässern. Die Pflanzen benötigen eine Wassertiefe von etwa 30 Zentimetern, vertragen aber auch einen höheren Wasserstand. Am besten gedeihen sie an sonnigen, warmen Plätzen.

Rohrkolben im Wind

Die männlichen und weiblichen Blütenstände sitzen übereinander am selben Stiel und bilden den charakteristischen Kolben. Die oberen männlichen Blüten vertrocknen bald und fallen ab, während die weibliche Fruchtkolben lange an der Pflanze bleiben. Sie platzen im Winter auf und verbreiten ihre wolligen, weißen Samen.

Dekoration

Rohrkolben sind geschätzte Zierpflanzen: Ihre getrockneten Blütenkolben eignen sich für hübsche Blumengestecke und große Sträuße aus Trockenblumen.

Weiße Seerose

Wuchshöhe: 50 cm bis 2,5 m
Blütezeit: Mai bis September

Merkmale

Die Weiße Seerose ist eine der heimischen Wildarten aus dieser Pflanzengruppe und übersteht daher auch unsere Winter gut. Sie hat einen Wurzelstock, der armdick ist. Ihm entspringen lang gestielte, große dunkelgrüne Blätter.

Die Blätter sind ledrig und haben auf der Oberseite eine Wachsschicht. Ihre großen weißen Blüten öffnen sich bei Sonnenschein vollständig und zeigen dichte Büschel goldgelber Staubgefäße. Sie duften sehr angenehm.

Giftige Schönheit

Die Weiße Seerose steht bei uns unter Naturschutz, obwohl sie stellenweise durchaus häufig sein kann. Vorsicht: Die Pflanze enthält in allen Teilen Giftstoffe!

Standort

Alle Seerosen wachsen nur in stehenden Gewässern mit einem schlammigen Untergrund und mögen bewegtes Wasser überhaupt nicht. Die Weiße Seerose kann in zwei Metern Tiefe oder sogar noch tiefer im Wasser stehen.

Aus den Blüten entwickeln sich kugelige Früchte, die schwimmfähige Samen bilden. Diese werden verbreitet, wenn sie sich im Gefieder von Wasservögeln verfangen.

Die Weiße Seerose und ihre vielen Zuchtformen mit ihren wunderschönen Blüten sind sehr beliebte Pflanzen für den Gartenteich und werden als die Königin der Wasserpflanzen bezeichnet.

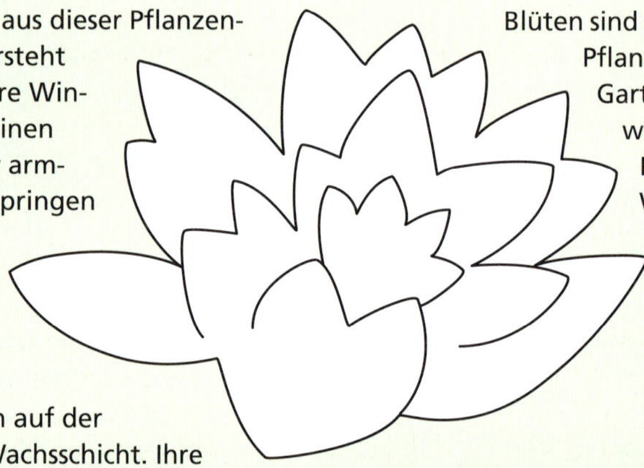

Die Blüten der Seerose öffnen sich bei Sonnenschein.

Sumpfschwertlilie

Merkmale

Typisch für die heimische Sumpfschwertlilie sind die schwertförmigen, steil aufgerichteten Laubblätter, die auch im Winter grün bleiben. Ihnen verdankt die Pflanze ihren Namen.

Im Frühsommer schmückt sie sich mit acht bis zehn Zentimeter großen gelben Blüten. Die inneren und äußeren Blütenblätter sind völlig unterschiedlich gestaltet. Die größeren äußeren Blütenblätter nennt man Hängeblätter, die kürzeren, inneren Dornblätter.

Standort

Die Sumpfschwertlilie wächst an Ufern von Teichen, Seen, Bächen und Flüssen auf schlammigen Böden sowie in Sumpfgebieten, da sie einen feuchten bis nassen Standort braucht. Sie verträgt sogar Wassertiefen bis zu 20 Zentimetern.

Die Blüte einer Sumpfschwertlilie

An sonnigen bis halbschattigen Plätzen fühlt sich die Sumpfschwertlilie besonders wohl. Wie alle Iris-Arten hat auch die Schwertlilie einen verdickten Wurzelstock, den man Rhizom nennt. Daraus entwickeln sich die vielen Triebe.

Schon gewusst?

Die Sumpfschwertlilie steht bei uns unter Naturschutz. Pflücke sie daher auf keinen Fall – und das auch noch aus einem weiteren Grund: Alle Teile der Pflanze sind schwach giftig!

Sumpfschwertlilien wachsen am Ufer von Gewässern.

Sumpfdotterblume

Wuchshöhe: 20 bis 40 cm
Blütezeit: März bis Mai

Die Blätter der Sumpfdotterblume glänzen dunkelgrün.

Merkmale

Die Sumpfdotterblume erkennt man an ihren langstieligen auffälligen Blüten, die dottergelb sind und der Pflanze ihren Namen gaben. Die langen, verzweigten Pflanzenstängel sind saftig grün und innen größtenteils hohl. Sie tragen am Rand gezähnte Blätter, die nieren- bis herzförmig sind und dunkelgrün glänzen.

Standort

Die Sumpfdotterblume ist die typische Pflanze der Bachufer und Auwälder. Sie wächst auch auf nassen Wiesen und in Sumpfgebieten und kommt sogar in Höhen von bis zu 2500 Metern vor. Dabei macht es ihr nichts aus, bis zu 15 Zentimeter tief im Wasser zu stehen.

Die dottergelben Blüten gaben der Pflanze ihren Namen.

Die nektarhaltigen gelben Blüten werden gern von Bienen, Fliegen und Schwebfliegen besucht und auf diese Weise bestäubt. Die Pflanze bildet Früchte, die dunkle Samen enthalten. Die Samen können schwimmen und gelangen bei Regen in die nahen Gewässer. Dort sammeln sie sich am Wasserrand und werden dann vor allem durch Wasservögel verbreitet.

Die Pflanze ist schwach giftig. Würdest du etwas davon essen, bekämst du Durchfall oder müsstest dich erbrechen.

Schon gewusst?

Obwohl die Pflanze leicht giftig ist, wurden die Knospen der Sumpfdotterblume früher in der Küche verwendet und ähnlich wie Kapern verzehrt.

Kleine Wasserlinse

Merkmale

Wasserlinsen sind im Gegensatz zu vielen anderen Pflanzen nicht in Stängel und Blatt gegliedert. Stattdessen geht von jedem kleinen blattartigen Gebilde, das auf der Wasseroberfläche schwimmt, direkt eine einzelne Wurzel nach unten ins Wasser.

Die Blüten der Kleinen Wasserlinse sind so winzig, dass man sie mit bloßem Auge kaum erkennen kann. Die Pflanze gehört daher zu unseren kleinsten Blütenpflanzen, auch wenn sie nur sehr selten blüht.

Standort

Die Kleine Wasserlinse besiedelt vor allem Teiche und Seen an sonnigen bis halbschattigen Plätzen. Sie vermehrt sich unermüdlich und bedeckt so häufig große Wasserflächen. Dabei werden seitliche Sprosse gebildet, die entweder mit der Mutterpflanze verbunden bleiben oder von ihr abgetrennt werden. Zur Überwinterung sinkt die Wasserlinse auf den Grund, wo das Wasser nicht gefriert.

Die Wasserlinse wird auch Entengrütze genannt.

Entengrütze

Die Wasserlinse wird volkstümlich auch Entengrütze genannt, weil sie besonders von Enten, aber auch von Gänsen und Fischen gern gefressen wird.

Die Wasserlinse breitet sich schnell aus und bedeckt die Oberfläche ruhiger Gewässer.

Wasserpest

Wuchshöhe: 30 cm bis 3 m
Blütezeit: Mai bis August

Merkmale

Die Kanadische Wasserpest hat lange grüne Stängel, die biegsam sind und sich stark verzweigen. Daran sitzen längliche Blätter, die in Quirlen angeordnet sind.

Manche der langen Stängel sind mit feinen Wurzeln im Boden verankert, andere schwimmen frei im Wasser. Sehr selten werden winzige weiße Blüten gebildet, die einzeln an langen, fadenförmigen Stielen auf der Wasseroberfläche schwimmen.

Schon gewusst?

Die Wasserpest produziert sehr viel Sauerstoff und ist daher eine wertvolle Wasserpflanze.

Standort

Die Wasserpest lebt vollständig unter Wasser und kommt in Teichen, Seen und Bächen vor, die einen schlammigen Grund haben. Ihre ursprüngliche Heimat ist Nordamerika, doch sie wurde Mitte des 19. Jahrhunderts nach Europa gebracht und hat sich seither explosionsartig verbreitet.

Die Wasserpest ist zweihäusig, das heißt, es gibt männliche und weibliche Pflanzen. In Europa sind nur weibliche Pflanzen bekannt, die sich ausschließlich vegetativ vermehren können: Teile des Stängels brechen ab und entwickeln sich in kurzer Zeit zu eigenständigen Pflanzen.

Die Wasserpest breitet sich großflächig auf stillen Gewässern wie Teichen und Seen aus.

Wollgras

Wuchshöhe: 15 bis 60 cm
Blütezeit: April bis Mai

Merkmale

Das Wollgras verdankt seinen Namen den weißen, wolligen Samenständen, die zwischen Juni und Juli wie kleine Wattebäusche an den dünnen Halmen erscheinen. Sie entwickeln sich aus silbrig grauen bis bräunlichen Blütenähren mit langen Hüllfäden. Je nach Art sind die Blätter breiter oder schmaler gestaltet. Wollgräser gehören zu den Sauergräsern.

Die wolligen Samenstände gaben der Pflanze ihren Namen.

Standort

Alle Wollgrasarten besiedeln Moore sowie Sumpf- und Uferbereiche von Teichen und Tümpeln. Sie lieben die pralle Sonne und vertragen Wassertiefen bis höchstens fünf Zentimeter. Die Wurzeln des Wollgrases bilden lange unterirdische Ausläufer, mit deren Hilfe sich die Pflanze ausbreitet.

Da Wollgras oft an Stellen wächst, an denen es für uns Menschen gefährlich werden kann, ist es ein guter Anhaltspunkt dafür, wo du dich lieber nicht ins Wasser begeben solltest. Darüber hinaus wird es jedoch auch gern an Gartenteichen angepflanzt.

Schon gewusst?

Obwohl die langen Blütenhüllfäden des Wollgrases wie Baumwolle aussehen, können sie nicht wie diese versponnen werden. Dazu sind sie viel zu brüchig. Früher wurden daraus jedoch Kerzendochte hergestellt oder man stopfte Kopfkissen damit aus.

Wollgras wächst in Sümpfen und Mooren.

Naturquiz

Hand aufs Herz: Wie gut kennst du dich mit den Tieren und Pflanzen im und am Teich, Fluss und See aus? Bei diesem Quiz gibt es zu jeder Frage drei Antwortmöglichkeiten: a), b) und c). Du musst dich jeweils für eine Möglichkeit entscheiden. Leg los und teste dein Wissen! Die Lösungen findest du auf Seite 80.

1. Was ist die Wasserpest?

a) Eine Fischkrankheit
b) Eine Wasserpflanze
c) Die wissenschaftliche Bezeichnung für Wasserverschmutzung

2. Woher hat die Armleuchteralge ihren Namen?

a) Aus ihren Trieben stellte man früher Kerzendochte her.
b) Sie leuchtet nachts unter Wasser.
c) Sie verzweigt sich ähnlich wie ein mehrarmiger Kerzenständer.

3. Was ist charakteristisch für den Flussbarsch?

a) Zwei Rückenflossen
b) Vier Barteln am Maul
c) Er hat keine Schwimmblase.

4. Wie ernährt sich die Gemeine Flussperlmuschel?

a) Sie gräbt mit ihrem Fuß kleine Tierchen aus dem Sand aus.
b) Mit ihrem schlauchartigen Mund saugt sie Tierchen aus dem Wasser.
c) Sie filtert Plankton mithilfe ihrer Kiemen aus dem Wasser im Schaleninneren.

5. Wo befinden sich die Augen bei Spitzschlammschnecken?

a) An den Enden der Fühler
b) Am Ansatz der Fühler
c) Spitzschlammschnecken haben keine Augen.

6. Warum kann der Gelbrandkäfer längere Zeit unter Wasser bleiben?

a) Er streckt sein Atemrohr aus dem Wasser, um Luft zu holen.
b) Mithilfe besonderer Organe holt er Sauerstoff aus dem Wasser.
c) Er sammelt Luft unter seinen Deckflügeln, die er unter Wasser einatmet.

7. Was ist die Besonderheit beim Taumelkäfer?

a) Er kann gleichzeitig über und unter der Wasseroberfläche sehen.
b) Er macht beim Fliegen taumelnde Bewegungen.
c) Seine Deckflügel sind durchsichtig.

8. Wie kann die Wasserspinne unter Wasser leben?

a) Sie hat ein Atemrohr, das sie wie einen Schnorchel benutzt.
b) Sie muss alle paar Minuten auftauchen und Luft holen.
c) Sie wohnt in einer großen Luftblase.

9. Wie kam das Blesshuhn zu seinem Namen?

a) Außerhalb der Fortpflanzungszeit wird sein Federkleid blasser.
b) Es hat einen weißen Fleck auf der Stirn.
c) Seine Brustfedern sind weiß gefärbt.

10. Zu welcher Tiergruppe gehört die Gelbbauchunke?

a) Zu den Amphibien
b) Zu den Reptilien
c) Zu den Fischen

11. Woran sind Moorfroschmännchen eindeutig zu erkennen?

a) Sie haben große Schallblasen.
b) Ihre Füße sind mit Schwimmhäuten versehen.
c) In der Paarungszeit sind sie himmelblau bis violett gefärbt.

12. Was macht die Ringelnatter bei Gefahr?

a) Sie stellt sich tot.
b) Sie kriecht ins nächste Erdloch.
c) Sie spuckt den Angreifer an.

13. Die Larven welches Tieres leben in Köchern?

a) Die der Wasserschnecke
b) Die der Wasserspinne
c) Die der Köcherfliege

14. Mit welchem anderen Insekt ist die Mosaikjungfer verwandt?

a) Mit dem Wasserläufer
b) Mit der Plattbauchlibelle
c) Mit der Stechmücke

15. Welches Tier hat giftigen Speichel?

a) Der Hecht
b) Der Biber
c) Die Wasserspitzmaus

Erklärungen

Antennen: Die Fühler am Kopf von Insekten und Schnecken zum Tasten, Riechen und Hören. Insekten haben zwei Fühler, Schnecken haben vier.

Barteln: Bartfäden am Maul bestimmter Fische (zum Beispiel Karpfen, Wels), die als Tast- und Geschmacksorgane dienen

Chlorophyll: Auch Blattgrün genannt. Ein grüner Farbstoff in den Zellen von Pflanzen, der es ermöglicht, Fotosynthese zu betreiben.

Deckflügel: Verdickte und verhärtete Vorderflügel bei vielen Insekten. Sie schützen den Hinterleib mit allen wichtigen Organen und die zarten Hinterflügel.

Facettenaugen: Die Hauptaugen der Insekten, die sich aus vielen Einzelaugen zusammensetzen. Mit ihren Facettenaugen können Insekten Formen und Farben unterscheiden und auch Bewegungen wahrnehmen.

Fettflosse: Eine kleine und weiche Flosse zwischen der Rücken- und Schwanzflosse bei einigen Knochenfischen, zum Beispiel bei Lachsfischen wie der Bachforelle

Fotosynthese: Ein Prozess, bei dem Pflanzen aus Wasser und Kohlendioxid mithilfe von Chlorophyll und der Energie des Sonnenlichts Zucker für ihre Ernährung erzeugen

Gefiedert: Eine Blattform. Dabei setzen sich die Blätter aus kleinen Blättchen zusammen. Sie wachsen links und rechts von einer Mittelrippe.

Halsschild: Schildförmiges Oberteil des Brustabschnitts bei Insekten, besonders bei Käfern

Kiemen: Dünnhäutige, stark durchblutete Atmungsorgane zahlreicher Wassertiere. Kiemen dienen zum Austausch von Kohlendioxid gegen Sauerstoff.

Kokon: Eine Hülle, die ein Spinnen- oder Insektenweibchen aus Seidenfäden für seine Eier spinnt, damit sie geschützt sind

Kulturfolger: Vögel, die sich mit ihrem Verhalten und Lebensraum an die Kultur der Menschen angepasst haben, ihr also gefolgt sind

Laich: Eier von Tieren (Fischen, Amphibien und Wasserschnecken), die ihre Eier im Wasser ablegen

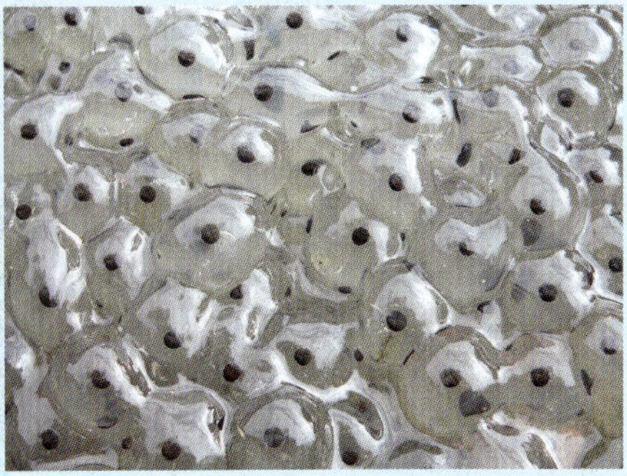

Parasit: Lebewesen, das zusammen mit einem anderen Lebewesen lebt, dieses dabei aber ausnutzt und ihm zum Teil auch schadet

Plankton: Kleinste Lebewesen, die frei schwebend im Wasser leben und dabei von der Strömung des Wassers bewegt werden

Quirl: Drei oder mehr Blätter wachsen aus einem Knotenpunkt am Stängel.

Schallblasen: Dehnbare Ausstülpungen der Haut bei männlichen Froschlurchen. Die Männchen erzeugen damit ihre Rufe, um die Weibchen anzulocken.

Schwimmblase: Ein mit Gas gefüllter Sack im Körper zahlreicher Fische, mit dessen Hilfe die Tiere im Wasser leichter nach oben oder unten schwimmen können

Wassertracht: Das „Hochzeitskleid" der Molchmännchen. Die Wassertracht ist zumeist durch eine leuchtende Färbung und auffällige Hautsäume oder Rückenkämme gekennzeichnet. Sie wird zur Paarungszeit ausgebildet.

Zweihäusig: Pflanzenarten, bei denen männliche und weibliche Blüten auf verschiedenen Pflanzen sitzen

Zwitter: Als Zwitter bezeichnet man Lebewesen, die gleichzeitig sowohl männliche als auch weibliche Geschlechtsorgane besitzen.

Naturschutz und Rote Liste

Die Natur bietet nicht nur schöne Pflanzen, Tiere und Landschaften, sondern ist für uns Menschen auch die Grundlage unserer Existenz.

Schilder weisen dich auf Wasserschutzgebiete hin.

Doch je stärker die Bevölkerung wächst, desto mehr wird die Natur auch genutzt und belastet. Deshalb muss sie gezielt geschützt werden. Trotz aller Bemühungen sind viele Pflanzen und Tiere bis heute vom Aussterben bedroht.

Pflücke keine Pflanzen und fange keine Tiere, die du nicht kennst. Es könnten geschützte Arten sein. Wenn du wissen willst, welche Arten besonders oder sogar streng geschützt sind, schaue auf der Internetseite www.wisia.de nach.

Etwas ganz Besonderes ist die Rote Liste. Sie wird auch als Fieberthermometer des Naturschutzes bezeichnet. In der Roten Liste verraten uns Experten, welche Pflanzen- und Tierarten bei uns so stark im Bestand zurückgehen und nur noch so selten vorkommen, dass diese Arten bald aussterben könnten – wenn wir uns nicht um sie kümmern. Solche Arten kommen dann auf die Rote Liste gefährdeter Arten. Und Rot bedeutet einfach: Achtung! Aufpassen!

Willst du mehr über unsere Natur und ihren Schutz erfahren, dann mach mit bei den Naturdetektiven des Bundesamtes für Naturschutz. Gehe im Internet einfach auf die Seite www.naturdetektive.de.

Unsere Erde bedarf eines besonderen Schutzes.

Register

Lösungen

1 b), 2 c), 3 a), 4 c), 5 b), 6 c), 7 a), 8 c), 9 b), 10 a), 11 c), 12 a), 13 c), 14 b), 15 c)

Bildnachweis

Doris Oppenauer: 22 o., 27 o.
dpa Picture-Alliance, Frankfurt: dpa 22 u., 41 u., 42 o.r., 47 u., 53 u.l., 63 o. / Helga Lade Fotoagentur GmbH, Germany 46 u. / Hippocampus Bildarchiv 23 u., 24 o., 60 o.l. / OKAPIA KG, Germany 16 u., 17 o., 17 u., 18 u., 20 u., 21 u., 24 u.l., 25 o., 27 u., 25 u., 30 o.m., 41 o.r., 50 u. / picture-alliance 18 o.
Mauritius Images: 62 o.
Sonstige: Christian Fischer, Lizenz: cc-by-sa 59 o., 59 u., 60 o.r., 62 u., 66 o.l., 66 o.r., 72 o. / Fritz Geller-Grimm, Lizenz: cc-by-sa 63 u. / George Chernilevsky, Lizenz: cc-by-sa 16 o. / H. Zell, Lizenz: cc-by-sa 64 u.l., 64 u.r. / Joel Berglund, Lizenz cc-by-sa 21o. / Katrin Wicker, Lizenz: cc-by-sa 69 u.r. / Norbert Schuller Baupi, Lizenz: cc-by-sa 30 o.l. / Piet Spaans, Lizenz: cc-by-sa 48 u.l. / PodrPro, Lizenz: cc-by-sa 72 u. / Quartl, Lizenz: cc-by-sa 55 u. / User:Rodolphe, Lizenz cc-by-sa 42 u. / User:Weitbrecht, Lizenz cc-by-sa 20 o. / Waugsberg, Lizenz cc-by-sa 47 o.l., 47 o.r.
www.fotolia.de: Alexander Maier 12 o. / Andrea Poole 34 u.l. / Aurélia Pery 35 u.r. / Brenda Carson 4 o.r., 4 u.l. 43 o.l. / bunteWelt 28 u.l. / Christian Jakimowits 38 u. / Claudio's Pics 7 o. / crisod 11, 14 u. / Czanner 15 u. / D.Copy 29 o. / daseaford 75 u.l. / Donald Bowers 10 o. / Dream-Emotion 38 o. / DWP 45 u. / Elenathewise 5 o.r. / emer 65 o.r., 70 o.r. / Filev 41 o.l. / FLORIAN ANDRONACHE 34 u. / fotoreisen.com 44 o.r. / Frank Schöttke 73 o. / Gerisch 68 u. / hakoar 37 o. / Hans-Peter Moehlig 69 u.l. / Henryart 8 o. / Himmelssturm 44 u. / Jannes 49 o.r. / János Németh 32 / john barber 23 o., 74 u.r. / Julius Kramer 50 o. / Karina LS 45 o.r. / Kikkerdirk 24 u.r. / Klaus-Peter Adler 65 o.l. / Luiz Gustavo Conte F 39 o. / LVDESIGN 12 u. / Marem 14 m. / mite 46 o. / Mumi 71 m. / NICOLAS LARENTO 40 u. / Nikolay.Stoilov 36 o.r. / Norbert Wilhelmi 3 / Peter Grell 42 o.l. / Petrabarz 13 o.l. / pzAxe 57 u.l. / sekulic, kristian 78 u. / severija kirilovaite 6 u. / Simon Ebel 73 u.r. / Stefan Ekernas 37 u. / Stefan Richter 52 o. / b 75 u.l. / sykors 33 u. / Thorsten Schier 70 u. / Toenne 49 o.l., 49 u. / tom25580 77 u. / Uros Petrovic 28 o. / Witold Krasowski 14 o. / Wolfgang Staib 52 m. / Xerye 26 o. / Yaroslav Gnatuk 57 u.r.
www.istockphoto.com: adel66 65 u. / Alasdair James 54 o. / Aleksandar Dickov 15 o.l. / Andrew_Howe 8 u., 33 o. / Andyworks 48 o., 48 u.r. / Chrisbrignell 69 o. / Corben_D 56 o. / crisod 13 u. / dabjola 26 u.r., 64 o., 67 o. / Dole08 4 o.l., 4 u.r., 70 o.l. / Dreymedv 45 o.l. / Gegeonline 54 u.l. / jerryhopman 66 u. / Kaphoto 36 o.l. / Lisa Frias 15 o.r. / Mantonature 73 u.l. / Northlightimages 58 / photocrea 29 u. / pomarinus 13 o.r., 74 u.l. / Prill 53 o. / simm1 71 u. / Videowok_art 68 o. / Webmink 44 m. / Witr 50 m. / zhuda 71 o.
www.pixelio.de: Albrecht E. Arnold 40 m. / dieter haugk 28 u.r. / Dieter Schütz 5 u. / Dieter Wendelken 67 m. / doro52 67 u. / Ernst Rose 43 u. / Fries 52 u. / Hanspeter Bolliger 39 u. / Harry Hautumm 55 o. / Kennz 77 m.r. / kklausi 34 u.r. / Manfred Schimmel 39 o.l., 78 o.r. / Noppa 43 o.r. / Peashooter 35 o., 35 u.l., 40 o. / Petra Kress 76 m.r. / R. B. 26 u.l. / Rainer Sturm 7 u., 9 o. / Rita Köhler 8 u. / Rolf Handke 34 o. / S. Hofschlaeger 6 o. / Sommaruga Fabio 57 o. / Thorben Wengert 76 u.l. / Uschi Dreiucker 55 u.l.